死の商人

戦争と兵器の歴史

岡倉古志郎

講談社学術文庫

目次

死の商人

戦争と兵器の歴史

I 「死の商人」とは何か

右手に陣取るは外国製の大砲
左手に陣取るは外国製の大砲
前方の敵陣からこちらを向くのも外国製の大砲
いっせいに火ぶた切り、天地とどろく

——クリミヤ戦争をうたった詩から

「風とともに去りぬ」のバトラー船長

あなたは、たぶん、マーガレット・ミッチェル女史の名作『風とともに去りぬ』を読んだことがあるだろう。あるいは、豪華版の天然色映画「風とともに去りぬ」を観たことがあるだろう。そのあなたにとっては、一八六四年九月、南軍の要衝ジョージア州アトランタ市が陥落するあのクライマックスの情景は、よもや忘れられまい。砲煙弾雨と火焔に包まれたアトランタの地獄絵図のなかで燃えあがったスカーレットとレットとの灼熱の恋のいきさつは、「風とともに去りぬ」全巻のなかでの白眉である。

だが、あなたは、このどぎついクライマックスの印象にうたれるあまり、その何ページか前にある、ひじょうに興味深いくだりを、忘れてしまっておられるかもしれない。しかし、いま、われわれが思い出さねばならないのは、このクライマックスを盛りあげて行く過程に置かれた一つのエピソードなのである。そのエピソードというのはこうだ――

アトランタ市陥落直前のむしあつい夏の夜のことである。アトランタ市では、上流社会の婦人たちの主催で、南軍軍事資金募集を目的とするダンス・パーティーが催された。奴隷所有者、政治家、軍人などが、われもわれもと財布のひもをゆるめて、美しいパートナーと踊るためにチケットを買った。もっとも美しい「アトランタの女王」スカーレット・オハラと踊る特権は、ついに「競売」に付せられたが、セリは三〇ドル、五〇ドル、一〇〇ドルとずんずんあがって行った……一五〇ドル! 落ちた! スカーレットを落したのは、およそ「紳士」らしくない船長のレット・バトラーだった。レットは、惜しげもなく一五〇ドルの札ビラを切り、この情熱の女を抱いて夜半まで荒っぽく踊った……。

バトラー船長は「戦争成金」だった。だから、「戦争成金」にふさわしい、たくましい「哲学」や「モラル」を持っていた。バトラーにとって、たとえスカーレットが「家柄の娘」、「貴族の女」であろうと、それは金で買える「夜の女」とちっとも変りはなかった。「一五〇ドルの正札をぶらさげた商品」でしかなかった。このバトラーの女性観は、そのまま、資本主義社会の女性観である。

バトラーは、「金もうけ」の点にかけても、徹底した「哲学」と「モラル」の持ちぬしである――「俺は、金もうけのためなら、北軍、南軍、どっちにでもいい、うんと金をはずむ方に武器弾薬を売るのだ」。この「哲学」をたくましく実践することによって、バトラーのふところは、戦争とともに肥《ふと》ってきたのであった。むろん、スカーレットをもふくめて、アトランタ市の貴族的・地主的な上流社会は、このバトラーの「哲学」や「モラル」を「不忠誠」、「不徳義」、「二股膏薬」として指弾した。だが、これは、時代錯誤というべきであったろう。バトラーの物差しは「資本主義」の物差しだったが、アトランタ市の人々のそれは「封建主義」のそれだった。そして、南北戦争を境界線にして、時代は、「封建主義」の没落、「資本主義」の発展を容赦なく切りひらきつつあったからである。「死の商人」としてのバトラーの「哲学」は、「資本主義」の物差しにピッタリかなっていたのである。ウェルナー・ゾンバルト教授が、「戦争は近代資本主義の精神を育んだ」(Werner Sombart: "Krieg und Kapitalismus", München, 1913) といったのは、このようなことを指したものであろうか。

リンカーンを怒らせたモルガン

むろん、バトラーは、大衆的歴史小説のなかの作りものの人物にすぎない。ミッチェル女史が、バトラーのモデルにだれを使ったか、私はそれを知らない。だが、アメリカにおけるブルジョア革命をもたらしたこの南北戦争の実際の歴史のなかに、われわれは「生きたバトラー」を見つけることができる。この「生きたバトラー」が、現在、アメリカ最大、いな世界最大の「巨大財閥」の一つ、モルガン財閥の創始者であるJ・P・モルガンであることを

J. P. モルガン

知るとき、われわれは「戦争」＝「死の商人」＝「資本主義の発展」を結びつけて考えないわけにはゆかない。

　ジョン・ピアポント・モルガン(John Pierpont Morgan)（一八三七—一九一三）は、一八六一年に南北戦争が始まったとき、まだ、二四歳の青年だった。正義に燃える青年たちの多くがリンカーンに従って北軍に投じたにもかかわらず、モルガンは、この四年間の戦争のあいだ軍籍に身を置きもしなかったし、鉄砲を肩にかついだこともなかった。彼は別のやり方で鉄砲を扱ったのである。モルガンは、軍隊で銃砲がひじょうに不足していることを聞き、「軍を救けるために」銃砲を供給しようと思い立ったのだ。

　戦争が始まるすこし前、連邦政府は大量の銃を払い下げたことがある。この銃はホール式カービン銃といって旧式、しかも取扱いが危険千万なしろものであった。そこで、連邦政府は一挺一—二ドルで安く払い下げたのである。それでも、戦争が始まった一八六一年には、まだ五〇〇〇挺ばかりが兵器庫に残っていた。開戦後一ヵ月たった一八六一年五月二八日、突然、アーサー・M・イーストマンという男が、この五〇〇〇挺を一挺三ドルで払い下げてほしいと申し出た。本当なら関係官は怪しいと思うはずなのだが、どうしたわけか疑わなかった。取引が成立した。この代金を提供したのはサイモン・スティーヴンスと称する男だったが、この「企業」の本当の黒幕はモルガンだった。

払下げが実現するやいなや、スティーヴンスは、ミズーリ州セントルイスに司令部を置いていた北軍の西部軍司令官フレモント将軍に打電し、飛び切り優秀な新式カービン銃五〇〇〇挺を買わないか、とすすめた。フレモント将軍が飛びついたのはいうまでもない。こうして、モルガンは一挺三ドル五〇セントはずんで五〇〇〇挺のガラクタ銃を買い、これを一挺二二ドルでまた政府に売ったことになる。一一万ドル引くこと一万七五〇〇ドル、差引き九万二五〇〇ドルの大もうけである。

ところが、この「新式カービン銃」は、北軍の勇士たちの親指を一つ残らず怪我させてしまった。憤激した政府では、モルガン宛手形の支払いを停止し、特別調査委員会に調査を命じたが、奇怪なことに、この委員会は、モルガンの請求権を全面的に否定せず、約半額、つまり一挺一三ドル三一セントの割で合計六万六五五〇ドルの代金を支払うことを決定した。これでも四万九〇〇〇ドルの大もうけだが、モルガンは承服せず控訴した。そして、控訴院は、「契約は神聖である」という建前から、契約どおりの全額支払いという判決を下したのである。これが、南北戦争中活躍した数百人の「バトラーたち」が大手をふって利益をむさぼる絶好の判例になったことはいうまでもない。かれらは、「死んだ奴隷」を買いあさろうとして失敗したチチコフ（ゴーゴリ『死せる魂』の主人公）よりもずっと利口で、「死んだ武器」を安く買い高く売って大もうけをしたのであった。

南北戦争の最中、怪しげな武器をつくって売ったり、ヨーロッパから中古の武器を輸入したりして暴利を収めた「死の商人」はかなりの数にのぼった。これらの「死の商人」どもが政府の官吏、軍人をだましたり、買収したりして、わが物顔にふるまったことは、モルガンを「裁判」した委員会のいきさつからも分る。だから、モルガン事件の判決に腹を立てたリンカーンは叫んだ――「こういう貪慾なビジネスマンどもは、その悪魔のような頭のどまん中をブチ抜いてやる必要がある!」。だが、かれらは頭をブチ抜かれるどころか、ますます肥えふとって戦争から抜け出した。モルガン財閥、デュポン財閥など現代アメリカの独占資本は、実に、この戦争のなかから芽生えたものであった……。

大倉喜八郎の鉄砲商売

モルガン青年がインチキなカービン銃を種にボロもうけをした数年後、日本でも鉄砲商売で大もうけをした男がいた。その名を大倉喜八郎といい、後の大倉財閥の始祖である。

喜八郎は一八三七年、いまの新潟県の新発田藩の名主の子として生れた。伝記によると一七歳の時に父を、翌年には母を失い、姉から二〇両の餞別をもらって江戸に出た。一八歳の喜八郎は麻布飯倉の鰹節屋に奉公、三年後には主人から養子に見こまれたがこれをことわり、二一歳のとき上野で塩物店をひらいて独立した。

当時は、勤皇、佐幕両派の対立で世間は物情騒然だった。この時勢を炯眼《けいがん》にも見てとった喜八郎は「鉄砲商売」こそ致富の捷径《しょうけい》であると考えた。そこで、神田に開店したのが大倉銃砲店である。そして、明治維新の動乱の時機に銃砲店をひらいたことが、「死の商人」としての喜八郎の成功のきっかけになったのである。

一八六八年五月、官軍は怒濤のように江戸にせまっていた。上野の山にこもった彰義隊は、その官軍にたいしてデスペレートな最後の抵抗をこころみようとしていた。「死の商人」喜八郎がその「死の商人」としての面目を発揮したつぎのエピソードはこのときにおこったものだ。

五月一四日のこと、神田和泉町の大倉銃砲店に突如一五、六名の彰義隊士が訪れ、主人の喜八郎を有無を言わさず上野の山に引き立てて行った。何しろ、その前日、谷中の芋坂で、同じ鉄砲屋の島屋新兵衛の手代、車屋七兵衛の手代の二人が彰義隊の機嫌をそこねてバッサリ斬られた直後のこととて、喜八郎もいずれは死を覚悟して行ったことであろう。

行ってみると、案のじょう、幹部の前に引きすえられ、彰義隊に納める約束の鉄砲をなぜ官軍に売ったのか、と

大倉喜八郎

きびしい詮議である。このときの喜八郎の返答こそ、あっぱれ「死の商人」の面目をかがやかしたものだった……。

「さよう、たしかに鉄砲をお売りする約束をいたしました。しかし、わたしは商人でございます、金をもうけなくては妻子も養えず、くらしも立ちませぬ。ですから、現金さえお払い下さるならば、どちら様へでもお売りするわけです。何も、ことさら官軍にばかり御奉公いたしているわけではございません。商法に従って取引申し上げたまででございます」

これには、彰義隊の幹部連中も度胆をぬかれたろうが、何しろ鉄砲不足に悩む折だった。

「それでは、お前の店にミュンヘル銃はあるか」

「はい、ただ今、あいにく手元にはありませんが、横浜まで参りますれば二〇〇挺はおろか、三〇〇挺、五〇〇挺もございます」

「そうか、手に入ると申すか。では、明日中に三〇〇挺、ぜひ届けてくれ」

「代金さえいただければきっと納めます」

こうして、喜八郎は死地を脱したのみか、大口の商取引をむすんで帰宅した。

「明治初年の一介の鉄砲屋が大倉組となり、さらに大倉財閥にまで発達するに至った動機を求めるならば、それは戦争である。……大倉財閥は『戦争成金』といわれるが事実そのとおりである」、たとえば、「倒幕時代には、鉄砲をば、幕府だろうと官軍だろうと代金の入るところには、どんどん輸入して納め、もって巨利を得てその基礎をきずいた」、「明治維新にさいしては、官軍に兵器、食糧を供給した功により、その後維新政府の軍部御用商人としての特権を独占した」、「西南戦争、台湾征討では軍需品輸送で巨利を博した」、「日清戦争では『石コロ罐づめ』を納入して暴利をおさめ」、「日露戦争でも軍需品の輸入、輸送で大もうけをした」(勝田貞次『大倉・根津コンツェルン読本』)。

敵を討つ鉄砲積んでその船を仇の港へ入れる大胆

これは明治初年に江戸で流行した狂歌だが、津軽藩の家老西館平馬から「男」と見こまれて鉄砲二五〇〇挺の注文を受け、これを藩米一万俵とバーターする契約で、チャーターしたドイツ汽船に積みこみ、みずから積荷とともに乗船、佐幕派の監視をかすめて送りとどけた「死の商人」喜八郎の冒険にアッといわされた江戸っ子の驚嘆ぶりがよく歌われている。「バトラー船長」は日本にもいたのである。

「死の商人」とは何か

さてこのような「実話」、「小説よりもはるかに奇な事実」は、古今東西、どこにも、それこそ、何百、何千とあるだろう。これは、そのなかのたった一つ、二つである。「死の商人」のいるところ、「死の商人」のあるかぎり、種はつきるところを知らない。この本でも、これからあとの数章で、代表的な「死の商人」の系譜をたどるわけだが、そこでも、数々の興味深い「実話」がたくさん出てくる。だから、ここでは、これ以上、「死の商人」

のエピソードを追いかけることはやめにしよう。それよりも、これまで、カッコつきで使ってきた「死の商人」ということばの意味や、「死の商人」の属性を、もうすこし明らかにしておくことの方が大切であろうと思う。

「死の商人」——“the merchants of death”文字どおり訳せば、まさに、「死の商人」である。「死の商人」とは変なことばではないか。「死の商人」とは、いったい、何だ。「死の商人」は何をあきなうのか。それは、「ベニスの商人」シャイロックのように、冷血無慈悲な商業道徳の持ちぬしなのか。「死の商人」ということばは、「死神」を連想させる点で、ひじょうに適切なことばではあるが、いきなり、このことばにぶつかると、われわれは、一応、とまどいせざるをえない。

フランス語では、“the merchants of death”のことを“les marchands de canons”といっている。日本語にすれば、「大砲の商人」である。つまり、「大砲をあきなう商人」である。ドイツでは、例の兵器王国、鋼鉄王国クルップ・コンツェルンの支配者クルップ一家のことを“Kanonen König”——「大砲王」と呼んでいるが、クルップは、あとでくわしく書くように、典型的な「大砲の商人」、「死の商人」だった。また、ドイツ語には“Krämer des Krieges”ということばもある。これは「戦争の商人」ということだ。意味は「死の商人」と同様である。

「死の商人」というのは、無数の罪のない人間に死をもたらす殺戮兵器を生産し販売する人々のことである。かれらは、単に兵器をあきなうだけではなしに、それをみずから生産もする。生産し販売するのは、むろん、大砲だけではない。大砲も、機関銃も、弾丸も、爆弾も、火薬も、戦車も、飛行機も、軍艦も、さらに、こんにちでは原子爆弾も、ロケットも、およそ大量殺戮の手段となり、戦争の道具となるほどのものならば、すべて「死の商人」の取扱う品物のリストにのぼる。

もっとも、こういう取扱い品のリストは、時代とともに、いや、正確にいえば資本主義の発展とともに、科学技術が発達し、戦争の量や質が飛躍的に発展するにつれて、急速にふえてきたものだ。昔は、「死の商人」は、文字どおり「商人」であり、槍や鎧を封建領主に売りこむ商人であり、たかだか、こういう武器をつくる手工業者にすぎなかった。たとえば、後世の「大砲の商人」クルップ家の第二世アントン・クルップは三〇年戦争（一六一八―一六四八年）にさいして、新旧両教徒側に武器を売って大いにもうけたというが、おそらく、「死の商人」という、どこやら神秘的なにおいのすることばは、こういう前資本主義時代に生れたものだろう。だが、その後、「死の商人」は、いくつかの戦争をへて、「商人」たることから脱皮し、りっぱな資本家そのものになった。さらに、資本主義が、その発展の歴史的、必然的な結果として、生産の集積、資本の集中をもたらすにいたるや、「死の商人」は独占資本そのものになっていった。

「死の商人」に祖国はない

だが、こんな話は、ここいらでやめることにしよう。「死の商人」というものが、大体、どんなものかは、一応分ったから、つぎに、「死の商人」の属性について考えて見ることにしよう。

まず、第一に、「死の商人」は、大量の兵器をつくり、この特殊な「商品」を売り、巨額の利潤をつかまねばならない。まさに、「利潤第一!」というスローガンこそ、かれらの合ことばでなくてはならぬ。戦争は、この利潤獲得の手段にすぎないのだから、どっちが勝とうと負けようと、そんなことは、たいしたことではないのだ。「死の商人」の胸をときめかさせるのは、祖国愛でもなければ、戦争目的の正邪でもない。利潤以外には、かれらは、まったく不感症である。だから、かれらの前には、敵とか味方とかいう区別さえない。あるものは、「商品」の買手だけだ。

二〇世紀が生んだ最大の皮肉屋の一人、バーナード・ショーは、こういう「死の商人」の属性を一人の劇中人物のなかに、みごとに描き出した。ショーの戯曲『バーバラ少佐』の主人公バーバラの父親アンダーシャフトは、兵器製造業者であるが、このアンダーシャフトが金科玉条としている信条はつぎのようなものである。

「正当な代価を支払うものにたいしては、その買手がだれであろうと、買手の人物や主義主張にかかわりなく兵器を売る。貴族にであろうと共和主義者にであろうと、虚無主義者にであろうとツァーにであろうと、資本家にだろうと社会主義者にだろうと、強盗にだろうと警官にだろうと、白人だろうが黒人だろうが黄色人種だろうが、あらゆる種類、あらゆる事情におかまいなく、一切の民族、一切の信条、一切の愚行蛮行、一切の大義名分、一切の極悪

アルフレッド・ノーベル

非道、何にたいしてでも正当な代金さえ貰えれば兵器を売るのだ」。

実際は、まさか、これほどでもないだろう、と寛大な評価に傾く人々のために、有名無名の幾人かの「死の商人」の生まのことばを引きあいに出そう。たとえば、有名なダイナマイトの発明者であり、その発明品で巨利を博し「ダイナマイト王」とさえ呼ばれるに至ったアルフレッド・ノーベル（Alfred Bernhard Nobel）（一八三三―一八九六）――このノーベルが遺言で「平和賞」をもふくめた「ノーベル賞」を制定し、その大量殺戮用商品の生産からあがった巨額の利潤をこれにあてたということは、古今東西をつうじて、最大のパラドックスであり皮肉である――そのノーベルはこういっている――「私は世界の市民である。私の『祖国』はどこかといえば、私が仕事をするところは、どこでも私の『祖国』だ。そして、私は、どこでも仕事をする」と。いいかえれば、ノーベルにとっては「祖国」はあるが、同時に、「祖国」はないのであった。

この「死の商人」に「祖国」はない、という「死の商人」のモラルを地で行ったのは、例の「機関砲王」ハイラム・マキシム（Sir Hiram Stevens

Maxim）（一八四〇—一九一六）であった。このアメリカ生れのイギリス人発明家マキシムの機関砲を一番最初に買った顧客の一人は、南アフリカのボーア人だった。それは、ちょうどボーア戦争（一八九九—一九〇二年）の始まる直前のことだった。イギリスがボーア人と事を構えそうなことは、すでに、はっきり分っていたのだが、マキシムは、それを承知のうえで、イギリスの敵ボーア人に機関砲を売ったのである。この機関砲は、その音響になぞらえて、いみじくも「ポムポム砲」と名づけられたが、ボーア人たちは、この「ポムポム砲」で武装し、イギリス軍に頑強に抵抗した。後年、マキシムは自叙伝『わが生涯』のなかで、誇らかに書いている——「四人のボーア人が一組で操作したポムポム砲は……ごく短時間でイギリス軍砲兵陣地を壊滅させるのが常であった」。

マキシムの同僚たる他の「死の商人」たちも、彼に引けをとるどころではなかった。「マキシムさん、祖国をこよなく愛し、祖国のために全力をささげてつくすことは、人の道としては、まったく正しくもあり、ひじょうに賞讃に値することでもあります。しかし、あなたはイギリスの一会社の重役の一人なのですぞ。われわれは中立でなくてはならぬ。われわれは、どちらがわにつくこともできないのだ」。「機関砲王」ハイラム・マキシムに向かって、同僚である重役の一人は、「死の商人」のモラルについて、こう諭したものである。

第一次世界大戦中にも、このような「死の商人」の活躍は、数え切れぬほどあった。その二、三のサンプルを抜き出してみよう——

KRIEGSAUSRÜSTUNGEN
ALLER ART
VICKERS-CARDEN-LOYD
PATROUILLE-KAMPFWAGEN
Der weltberühmte Vickers-Carden-Loyd Panzerkraftwagen mit verstärktem Motorbetrieb und Panzerturm mit Richtfeld von 360°.
VICKERS-ARMSTRONGS
VICKERS HOUSE, BROADWAY, LONDON, S.W.1, ENGLAND

ヴィッカース・アームストロング会社（英）がドイツの「陸軍週刊」紙に出した戦車の広告

(1)　一九一五年、イギリスの一軍艦は、ダーダネルス海峡で、トルコがイギリスの兵器会社ヴィッカースから購入した要塞砲で撃沈された。

(2)　「イギリス海軍はドイツから買ったパルゼファール飛行船二〇〇隻のおかげでドイツ潜水艦の攻撃を効果的に防禦《ぼうぎょ》できた」（海軍少将M・F・シューターの証言）。

(3)　スカゲラク海峡の海戦でイギリス艦隊は、カール・ツァイス製の光学兵器でドイツ海軍を大いに悩ました。

(4)　「イギリスが一九一五年にスウェーデンに輸出したニッケルは戦前の二倍に達したが、そのほとんど全部は鉱石のまま、または武器となってドイツに再輸出された」（イギリスの提督W・P・コンセットの証言）。

(5)　「大戦中、ドイツ

の鉄や鋼は敵国に入って敵国の戦争遂行を助けた……敵国へゆくドイツの鋼鉄！　戦時中、ドイツ重工業は『宿敵』と手をにぎりあったのである」（アルトゥール・サテルヌス）。

では、なぜ、このようなことが、数限りもなく、おこったのであろうか。それは、「死の商人」にとっては、「会社は『愛国主義』に頼って生存することはできない、われわれの株主は『配当』をもらわねばならないからだ」（G・D・ボールドウィン）という鉄則があくまで貫かれねばならなかったからだ。

だが、「死の商人」は「愛国者」である

だが、それにもかかわらず、「死の商人」が「愛国者」としてふるまい、いな、「愛国者」たることを売物にすることは、以上にのべた第一の属性と、けっして矛盾するものではない。「死の商人」は、しばしば、自分の「祖国」が外敵に侵される危険があることを、口をきわめて喧伝する。「死の商人」は、有力な新聞、雑誌、また、こんにちではラジオ、テレビなどの世論製造機関を所有、または支配しているから、こういう宣伝にかけては誰にも引けをとらない。また、「死の商人」は、有力な政治家たちをつうじて、議会や政府を動かすことができるし、ことに、独占資本が国家機構を従属させて、いわゆる国家独占資本主義が成り立っているばあいには、「死の商人」は国家そのものでさえある。こういうばあいには、「死の商人」は一〇〇パーセントの「愛国者」となる。たとえば、ナチス・ドイツの支配者、またヒトラーの有力なパトロンは、鋼鉄王クルップであり、IGファルベンのヘルマン・シュミッツであった。そして、こんにち、アメリカの支配者、核・ロケット戦争政策の指導者は、トルーマンでも、アイゼンハワーでも、ケネディでもなく、ロックフェラー、モルガン、デュポンなどの独占資本グループなのである。

だから、バーナード・ショーの例の戯曲の登場人物「死の商人」アンダーシャフトは昂然と言い放つ——

「君の国の『政府』だと！　君の国の『政府』というのは、取りも直さず俺とラザルスの二人だよ。あの見すぼらしい、馬鹿げた建物にガン首を並べている君や君の同僚である半ダースばかりの素人どもが、俺たち二人を治める『政府』だって？　とんでもない話だ。親愛なる友よ！　君たちはわれわれの商売が引き合うような政治をやるにきまっている。君たちは、われわれにとって都合のいい時には戦争をやるだろうし、そうでない時には平和を保つだろう……私が配当を増したいと思う時には、この私の要求が国家的必要だということを君たちは覚《さと》るだろう。また、もし、私たち以外の奴等が私たちの配当を引きさげるために何とかしろと要求する時には、君たちは警察や軍隊を呼び出してうまくやるだろう。そのかわり、君たちには、返礼として、私の新聞の支持を進呈することにしよう。君が『偉大な政治家』であると自負できる喜びをもさしあげることにしよう」。

だが、それはさておき、ヒトラーとナチズムを育成し支持したのは、クルップ、シュミッツ

フランスの「死の商人」シュナイダー・クルーゾーのル・クルーゾー工場。第2次大戦前のもの。シュナイダーはナチスをも援助した

ツ、フリックらドイツの「愛国的な」「死の商人」だけではなかった。ナチズムの昂揚する以前、ヒトラーに豊富な資金を供給したもののなかには、フォン・アルトハーバーとフォン・ドゥーシュニッツの名が見出されるが、この二人は、後年ヒトラーに侵略されたチェコの「死の商人」——世界一流の兵器会社スコダ工場の重役——であった。このスコダ工場は、フランスの兵器トラストとして有名なシュナイダー・クルーゾーの社長、ユージン・シュナイダーの支配下にあった。つまり、フランスの「死の商人」ナンバー・ワンは、宿敵ドイツの侵略主義を助長していたのである。

シュナイダーが演じた芸はもっと細かいものだった。シュナイダーは、シュナイダー・クルーゾーのほかにも、巨大な鉄鋼トラストであるコミテ・デ・フォルジュをも支配していたが、コミテ・デ・フォルジュは、フランス屈指の大新聞ル・タン紙およびジュルナール・デ・デバ紙をつうじて、しきりに「軍縮の危険」を説き、「ドイツ軍国主義の復活の脅威」を国民に吹きこんでいたのである。つまり、シュナイダーは、二本の糸をあやつっていたわ

けだ。一本の糸には、ヒトラーとドイツ軍国主義がつながり、もう一本には、フランスの新聞とフランスの軍国主義者がくくりつけられていた。このようにして、シュナイダーは、フランスの兵器需要を激増させることができたのである。

このばあい、「死の商人」が「愛国者」であり、同時に「愛国者」でないという二律背反は、もっとも巧みに止揚されている。この矛盾を解決している契機は、いうまでもなく「利潤」である。こういう「愛国者」は、だから、きわめてユニークな愛国主義の所有者であろう。だから、G・H・ペリスは、皮肉たっぷりでいう――

「もしも、かれらが『愛国者』であるとするならば、この『愛国者』というのは、まったく新奇な、まれに見る『公平無私な』種類のものであろう――すなわち、月曜日にはイギリス人、火曜日にはロシア人、水曜日にはカナダ人、木曜日にはイタリア人、こういったぐあいで、注文をもらうに応じて、中国人はおろか、ペルー人にでも何にでもなるだろう」(George Herbert Perris: "The War Traders", London, 1914)。

このような「愛国者」が鼻もちならないことはいうまでもないが、かれらは、政治、経済、言論等、あらゆる面での力をもっているので、「愛国者」であることを看板にして悠々と利潤を手に入れつづけるのである。第一次世界大戦が終ったとき、有名なドイツの国際法学者ハンス・ウェーベルク教授は、つぎのように憤激を叩きつけた――

「鋤をこしらえる貧しい鍛冶屋が、さらに多くの鋤の注文にあずかるために愛国心に訴えるならば、かれはたちまち嘲笑の的となるだろう。だが、鋼鉄(現在では、これに航空機、自動車、石油、さらに、おそらく原子爆弾をも追加せねばならないだろう――引用者）を製造する百万長者が愛国心に訴えるばあいには何のさしさわりもない。膨大な軍備を制限しようと要求するものがあれば、かれらはその支配下にある新聞雑誌をつかって、この連中に売国奴、妄想狂、あるいはすくなくとも空想家というレッテルをおしつけることができる……だが、軍需資本家たちが、国家の安全のために、いかに自分たちが重要であるかなどというならば、われわれは、こういって、やりかえしてやらねばならぬ――『いな、君たちの利益に反して、軍拡競争にピリオドを打ち、恒久平和を確立することのほうが、はるかに愛国的であり、祖国をまもるゆえんなのだ』と」。

戦争の「おばけ」をつくる

「死の商人」がきわめて複雑怪奇な属性をもっていることは以上からも、大体、明らかであろう。彼等は、新聞、雑誌、ラジオをつうじて、戦争の「おばけ」をつくり出し、「国防の必要」を訴える。また、かげにまわって、政府の首脳者その他各方面の有力者を金や名誉やさまざまの手段でたらしこみ、兵器の大量売込みにかかる。いや、さらに進んで戦争を製造しさえもするのだ。つぎにかかげる二つの挿話は、このような「死の商人」の属性を具体的に示した点で興味がある。

第一のエピソードは二つの大戦間の時代のものだ。一九三〇年に、ルーマニアとソ連とのあいだに、「戦争の脅威」があるとしきりに、うわさされたことがあった。ソ連がルーマニアを侵略して、ベッサラビアを奪いとるだろう、という話が、到るところで持ちきりになった。では、真相は、どうだったのであろうか。

ルーマニアの閣僚の一人ゴガ博士は、後日、閣議で、つぎのように報告している――

「同僚諸氏も御記憶のように、一九三〇年の夏、わがルーマニア国民のあいだには、あの途方もないほどの恐慌状態が起りました。新聞も、街の噂話も、とりわけベッサラビアの各家庭では、ただ一つの話題――『ソ連軍がすぐ侵略してくる』という話題――だけを取りあげていたのです。噂によると、ソ連軍は、ドニエストル河畔のティラスポールに集結し、ベッサラビア進撃の用意おさおさ怠りない、というのでした。

私は、ありていに言えば、この噂にすっかり、だまされてしまいました。そこで、私は摂政殿下ニコラス大公や摂政会議の面々に向って食ってかかりました――ソ連軍が今にも進撃してくるというのに、わが国の準備は、まったくできていない、いったい、どうするつもりなのか、と。

ところが、ふしぎなことに、ちょうど私がこういう質問を出した日をきっかけにして、例の『ソ連軍の進駐』という噂は、あとかたもなく消えてしまったのです。大公殿下はこういわれました――『ゴガ博士よ、まあ、落ちつきたまえ。いったい、何という、ばかげた騒ぎをやるのだ！　もう、安心していいんだよ。というのは、われわれは、もう、スコダ工場に大量の軍需品の注文をしてしまったからだ』と。

諸君、私は、やっと訳が分ったのです。残念ながら、私も、善良な国民大衆と同じように、この巧妙きわまるトリックのいいカモになったことを、認めなければなりませんでした。それいらい、私は『戦争勃発の危機迫る』などというニュースがあると、『こいつはくさいぞ』と、いちおう用心してかかるようになったのは、いうまでもありません」。

このゴガ博士のにがい経験談のなかにも、ちょっと顔を出しているが、この事件にさいして、「死の商人」スコダがルーマニアの政界を腐敗堕落させたいきさつは、まったく、大したものだった。ついでに、そのいきさつをつぎにのべよう。

＊ われわれが使っているX氏の細君から買ったダンス・パーティーのチケット代……一〇万レイ

＊ われわれに利害関係のある人々と親交のある人物が会長をしているZ協会への寄付……五〇万レイ

＊ 九月一六日、三名の賓客をバーxで饗応……六万五〇〇〇レイ

＊ 九月二一日、八名の賓客とレストランyにて。および、同夜の宴会ですこぶる役に立ったX夫人にたいするささやかな贈物の代金……二万五〇〇〇レイ

＊ 一〇月二日、最後の取引に関係している役人たちを宴会に招く……二万レイ

＊ 同日、八名の客とバーxで二次会をやる……六万八〇〇〇レイ

＊ 「ポリドール」へ自動車一台を贈物……二六万レイ

いったい、この妙ちきりんなメモは何なのだろう。遊蕩ずきな貴族の金銭出納簿にしては、すこし、うさんくさい項目がありすぎるようだ。実は、これは、チェコの、というよりは世界の大軍需工業会社スコダのルーマニア駐在総支配人ブルーノ・セレツキーが、一九三三年三月二五日に逮捕されたとき、その押収品のなかから発見されたノートに書かれていたメモである。つまり、これは、セレツキーが、ルーマニア政府にスコダの兵器を大量に売りこむために、秘術をつくしてやった政府高官買収のスキャンダルの証拠のほんの一部だったわけである。セレツキーの検挙と同時に押収された証拠品のなかには、つぎのような人を食った厚顔無恥な電文のコピーも出てきた――「三億レイの小切手すぐ送れ、契約および条約(!?)危機に瀕す」。

スコダがセレツキーをつうじて買収費としてばらまいた金額は四〇億レイにのぼった。スコダがルーマニア政府と契約した取引は一五〇億レイだったから、買収費だけでも二五%が消えたわけだ。それでも、なお、大もうけなのだから、この商売のぼろさかげんは想像をこえる。このセレツキー事件を調査するために議会に特設された調査委員会の委員長ルポ博士は報告書のなかで言っている――「ある大臣は六億レイ、もう一人の大臣は四億レイ、さらに関係者全体として別に七億レイも収賄した」と。腐敗堕落は極点に達していたわけである。

もう一つのエピソードは第二次世界大戦後のものである。

一九五〇年六月に朝鮮戦争が勃発するしばらく前から、ウォール・ストリートでは、戦争の危機ないしは戦争そのものを待望する声がようやく高くなっていた。なるほど、一九四八―四九年恐慌は当時やや回復しつつあったけれども、経済情勢は依然不安定だった。大きな刺戟――大規模な軍拡、軍需予算の増額、対外軍事援助の大幅増大などが財界、産業界の渇望の的だった。

朝鮮戦争が勃発するやいなや、このようなウォール・ストリートの渇望はたちまちにして充たされることになった。戦前に作成された一九五〇―五一年度国防費予算は、一三五・五億ドルだったが、戦争がおこるとすぐ一五五億ドルに増額され、さらに七月末一〇五・二億ドル、八月初一一・六億ドル、年末に一六八・四億ドルの追加がおこなわれ、この年の国防費は合計四四〇・二億ドルになった。この巨額の軍事費の大半は軍需産業にばらまかれたが、一九五〇年六月末―一二月末の軍需発注は月平均五〇億ドルにも及んだ。

一九五〇年六月二五日から一九五三年七月二七日にいたる三年間の朝鮮戦争にさいして軍需注文の六四％は一〇〇の大会社によってひきうけられ、さらに四〇％までは一〇の巨大会社によって独占された。最大一〇社のトップはデュポン財閥のジェネラル・モーターズ（GM）で金額にして三五億ドル、全体の八％である。これにつぐのがフォード自動車（一〇億ドル）、ボーイング航空機（九・六億ドル）などである。これらの巨大会社の利潤は、激増した。たとえば、GMのそれは、戦争第一年目に、前年の一・三倍となり、一九四九―五二年の四年間には、一九四五―四八年の四年間の一〇億ドルにたいし二五億ドルと二倍半になった。

朝鮮で戦争が始まるやいなや、「これは、好景気を保つのにまったくおあつらえむきだ、この戦争がおこったので不景気という幽霊は退散した」（USニューズ誌）というふうに、事態は一変したのである。

約三年にわたった朝鮮戦争にアメリカは一五〇億ドルの直接戦費、二一六〇万トンのガソリン、一二〇万人の将兵をつぎこみ、一一四五機の航空機と一四万人の将兵（戦死二万五〇〇〇、戦傷一〇万二三〇〇、行方不明一万三二〇〇）を失った。だが、財界や業界は「倭館や浦項のアメリカ兵は、祖国の繁栄のためにだけ死んでいるのではなく、われわれの繁栄のためにも死んでいるのだ。われわれは一息つけるようになった、というのは、第二次大戦が終ったあと、われわれの頭上に重くたれさがっていた不景気が朝鮮戦争でふっとばされたからだ」という計算の仕方をしていた（ニューヨーク・ヘラルド・トリビューン紙）。

まさに、USニューズ誌もいうように「戦争のおばけはたやすくつくり出すことができる。そして、それは兵器生産業者のために兵器増産の金を確実に確保する」のである。

II　サー・バシル・ザハロフ――「ヨーロッパの謎の男」

昨日は、ピラウスのほとりの彼の同胞（ギリシャ人）が彼の顧客であったが、今日は、ボスフォラスのほとりの人々――ギリシャの独立にたいする伝統的な敵、圧迫者（トルコ人）――が彼の顧客であった。このもっとも国際的な事業では、一片のセンチメンタルな愛国主義も入りこむ空間などはない。

――リチャード・ルーインソーン『ヨーロッパの謎の男』

怪人物の生立ち

サー・バシル・ザハロフ――ついでながら、この怪人物がイギリスで「ナイト」の称号をあたえられ、フランスでレジヨン・ドヌール勲章をさずかったことさえ、実は奇々怪々なことというべきなのであるが――は、「死の商人」の研究家として有名なエンゲルブレヒト博士によって「死の超セールスマン」（"supersalesman of death"）という最高級の評価をあたえられている。「死の商人」といえばザハロフ、ザハロフといえば「死の商人」という連想は、こんにち、ごく、ありきたりのものになっている。それほど、ザハロフは、「死の商人」の歴史的系譜における古典的存在となっているのである。そこで、われわれも、まず、この怪人物の足跡を掘りかえして見ることから始めることにしよう。

ザハロフは「怪人物」だというのが通り相場である。その証拠に、彼が功成り名とげてサーの称号をほしいままにしたあと、彼にかんする伝記が何冊も書かれたが、それらの伝記は、いずれも、彼の「怪人物」たるゆえんを売物にしている。たとえば、ザハロフ伝というとすぐあげられるモールスの本は『暗闇の男』("Der Mann im Dunkel")と題されているし、リチャード・ルーインソーンの本は『ヨーロッパの謎の男』("The Mystery Man of Europe, Sir Basil Zaharoff")と名づけられているのである。

たしかに、ザハロフの生涯は、「怪人物」たるにふさわしいものがあった。「サー・バシル・ザハロフは、近代における最も魅惑的な人物の一人であり、彼の身辺には無数の伝説(むろん、そのうちのあるものはこしらえごとであるが)が取りまいている。だが、これらの伝説のうちの大部分は具体的な事実の基礎をもっている……だから、こしらえごとをする必要はいささかもないのであって、われわれが手にしう

ザハロフ(1849―1936)「死の超セールスマン」と異名をとった「死の商人」ナンバー・ワン。ナイトの正装をした姿

る事実だけでも、それ自体、充分絵空事のようであり、人を驚かすに足りるのである」（オットー・レーマン・ルスビュルト『血のインタナショナル』）。まったく、ルスビュルト教授がいうとおりである。

一九世紀のなかば近いころ、オスマン・トルコは、ギリシャ人にたいして圧迫につぐ圧迫を加えつづけていた。むろん、ギリシャの愛国者たちは祖国の独立を叫んで勇敢に反抗したが、トルコ軍は大虐殺でこれに応えた。圧政にたえかねて、一時、亡命するものも多かったが、そのなかにザハリアスと呼ばれる一家があった。この一家は、ロシア領のオデッサに亡命したが、そのうち、ようやく形勢がおだやかになったので、小アジアのアナトリアにある故郷の村に帰ってきた。故郷に落ちついて間もない一八四九年一〇月六日のことである。この一家に一人の男の子が生れた。赤ん坊は、ギリシャ正教の儀式による洗礼を受けバシレイオスと命名された。

バシレイオス・ザハリアス——これが「ヨーロッパの謎の男」の正式の名前である。だが、彼は、ふつう、バシル・ザハロフと呼ばれている。名前をきけば、まさに、ロシア人である。だから、後年、彼が「謎の男」となったとき、せんさく好きな人々は、彼がロシア人にちがいないと想像をたくましくしたのである。しかし、実は、種は簡単なことであって、ザハリアス一家は、ロシアに亡命中、語尾をロシア風に変えたまでのことで、それにつられて、バシレイオスというギリシャ名前をヴァシーリーと書きならわしたにすぎない。

それはさておき、バシルは、物心ついたころは、コンスタンチノープル（現在のイスタンブール）で育った。少年期から青年期にかけて、彼は、ガイドをやったともいい、また、市場で両替屋をやったともいう。ともかく、アジアとヨーロッパの境界線にあるこの国際都市で成人したザハロフが、後年、誰であろうと丸めこんだ舌三寸の力は、このころ養われたものにちがいない。

若いザハロフが、なかなか、やり手なのを見た伯父――この伯父は貿易商だった――は自分の仕事を手伝わせることにした。ここでも、眼から鼻にぬけるようなザハロフは、たちまち仕事の段取りを覚え、伯父の事業にとって無くてはならぬ片腕となった。そこで、伯父は、青年ザハロフを、正式に事業のパートナーに抜てきした。とはいっても、後年、彼が「死の商人」として初舞台にのぼったアテネでの噂話では、この伯父というのがひじょうにけちな人物であって、ザハロフが当然取るべき分け前をやらずに着服していたということである。このころおこった一つの事件も、このことに関係がないとはいえない。

事件というのは、ザハロフが、伯父の不在中、机の引出しからかなりの額の金をかっぱらってイギリスに逃げたという至って不名誉な事件である。伯父はかんかんになって訴え、ザハロフはロンドンで逮捕された。いよいよ裁判になったとき、ザハロフは、その金は、本来自分の取り前なのだが、伯父が渡してくれなかったのだと主張したようである。真偽はともかく、ザハロフが釈放されたことだけは事実である。だから、後年、ザハロフがロックフェラーとならぶ大金持になったとき、ひがみ根性の人々はかげで噂したものである――「ザハロフが大富豪への階段の第一段を昇ったのは、あの盗んだ金のおかげなのだ」と。

魚は水に放たれた!

それはさておき、この事件がおさまってしばらく後、ザハロフの姿は、ギリシャの首都アテネに見られるようになった。ザハロフがどんなコネで近づいたのかは分らないが、彼は、当時のギリシャ政界の有力者の一人、大臣までもやったエティエンヌ・スクルディスにすっかり取り入ってしまっていた。運命の女神のいたずらというものは妙なものである。このエティエンヌ・スクルディスがザハロフの就職を斡旋することになるのであるが、これが後年歴史に残る「死の商人」の誕生の端緒になろうとは、当のスクルディスでさえ、おそらく予想もしなかったであろう。

当時、アテネには、各国の兵器商人が押しあいひしめきあっていたが、そのうちには、ノルデンフェルトと呼ばれるイギリス＝スウェーデン合弁の比較的小さな兵器会社の代理人もいた(もっとも、後になって、ノルデンフェルトは世界有数の兵器会社になったが、これは、もっぱら、ザハロフの功績によるものである)。このノルデンフェルトのアテネ駐在代理人はスウェーデン人だったが、事情があって、アテネを引きあげねばならぬことになり、その結果、代理人の椅子は空席になった。スクルディスの推せんの力で、ザハロフが埋めることに成功したのは、実にこのポストだったのである。一八七七年一〇月一四日、ザハロフは、正式に、ノルデンフェルトのアテネ駐在員になった。報酬は週給五ポンド・スターリング。ザハロフのような、えたいの知れない経歴の人物、しかも二八歳の若僧が獲得した椅子としては、まさに、大したものであった。

ところで、ザハロフのような「死の商人」たるにもっともふさわしい天分に恵まれた人物が、一八七〇年代のおわりごろに、しかもアテネに活動の場所を見出しえたということは、いわば、天地人の三条件が完全にそろったようなものであった。「死の商人」ザハロフは、たちまちにして、頭角をあらわすに至るのである。

思わせぶりな書きかたをしたようであるが、つぎに、その事情を、もうすこし、くわしく書くことにしよう。一八七〇年代のおわりというと、東ヨーロッパ、近東では、どんな時期に当るであろうか。ロシアとトルコとの戦争があったのは一八七七—七八年である。この露土戦争のどさくさに乗じて、ギリシャがトルコから失地を回復しようと画策し始めたのは一八七七年のことである。露土戦争のあと、講和条約は結ばれたが、各国は「武力を背景にした平和」の原則をとり、もっぱら軍備に熱中した。ギリシャも、トルコも、とりわけブルガリアは、大規模な軍備拡張をやっていた。いいかえれば、バルカン全体が軍拡競争に憂き身をやつしていたのである。これは「死の商人」たちにとって、見のがすことのできないチャンスだった。当時、クルップ、シュナイダーなど、ヨーロッパのそうそうたる「死の商人」の代理人がバルカンめがけて押しよせ、しのぎをけずっていたのはこういう事情からであった。これは、いわば、ザハロフにとって、「天の時」を意味した。

では、ザハロフがアテネにいたことが「地の利」だったというのは、どういうわけであろうか。ギリシャの軍備は、ほとんど無に近かった。それだけに、軍備の拡張も猛烈をきわめた。このことは、二万の常備軍が一躍五倍の一〇万に増員され、歳出予算総額二〇〇〇万フランのうち一六〇〇万フラン、つまり八〇％が国防費にあてられたことからも分る。「死の商人」にとって、つごうのよかったことは、それればかりではない。大国のばあいには、やれ試射だ、分析だ、原価計算だ、会計検査だなどと、手つづきがうるさいが、ギリシャのような小国のばあい、ことは比較的個人的に、秘密裡にはこぶ。実際、軍関係の大臣がこの国のように短時日で更迭されたところでは、また、これ以外にやりかたはなかったであろう。しかも、ザハロフは、政界の大立物スクルディスの側近者であった。条件はそろっていたのである。

ルーインソーンは、この当時の「魚が水に放たれたような」ザハロフの活躍ぶりについて、つぎのように生き生きと描写している――

「新しく兵器商の代理人になったザハロフにとって、この時期は、まさに、決定的な時期であった。ノルデンフェルト会社の代理人である彼にたいしては、これまで彼が戸口にいたずらにたたずんでドアのあくのを待っていた家のドアさえもが、喜んで開かれるのであった。ことに、ザハロフがしょっちゅう訪れたギリシャ陸軍省では、彼はいつも大歓迎を受けた。また、たとえ、表口が閉《とざ》されていたとしても、裏口から廻る手は、いつでも残されていたのである。

彼の言動は軍需工業にふさわしい折目正しいものだった……彼のつつましやかな態度は、

ギリシャ政府の官庁で尊敬の的になったが、しかし、彼は、必要とあれば、自分自身、および自分が代表する会社にたいして然るべき尊敬を払わせるすべを心得ていたこともちろんである。こうして、これまで、アテネの町で、はったり屋として軽べつされていたこの男は、いまや突如として、誰からも一目置かれる実業家の一人となった……。

ザハロフは、彼をこのポストにつけた好運をあくまで利用しようと努力した。たまたま、事情は、軍需工業にとっては絶好であった。なぜなら、それまでは、戦争のための軍備がおこなわれていたのにたいして、こんどは、国際会議の席での発言権を強めるための平和のための軍備がさかんにおこなわれていたからである。軍需品の値段はどんどんあがっていた。とりわけ、バルカン諸国からの軍拡熱病がヨーロッパの列強に感染しそうになったときには、ますますもって、そうであった」。

敵と味方に潜水艦を売りこむ

ザハロフが「死の商人」としての面目を発揮した有名な挿話は、このころに起った。ノルデンフェルトは、その新任の有能な代理人ザハロフを縦横無尽に活躍させるためにいくつかの「切り札」をザハロフにあたえた。たとえば、時計仕掛の時限爆弾であるとか、速射砲であるとか……。なかでも、世界の耳目をゆすぶった最大の発明品は、実に潜水艦であった。

本当のところをいうと、当時、列強は、潜水艦のような新兵器を以前から欲しがっていたのであるが、その効力については、まだまだ危惧の念をいだいていた。そのため、大海軍国といわれるような国々は、ノルデンフェルトの期待に反して、乗気になってこなかった。ザハロフは、そこで、中小海軍国に潜水艦を売りこもうと考え、うまい口実を見つけ出した――「中小海軍国が大海軍国に対抗しうるのは、ただ潜水艦を保有することによってである」。ザハロフの策は見事に当った。世界で最初に潜水艦をもったのは、イギリスでもなく、フランスでもなく、ロシアでもなく、実にギリシャであった。当時の最新式兵器を祖国ギリシャに売ったかぎりにおいて、ザハロフは、まさに「愛国者」の名に値するものであったといえよう。ここで、もう一度、ルーインソーンの『ヨーロッパの謎の男』を引き合いに出そう――

「彼（ザハロフ）はその祖国ギリシャにまず最初の注文をとどけたほど愛国的であった。アテネでは、この申入れは熱狂的に受け入れられた。その結果、小国ギリシャが世界で最初に実用に供された潜水艦を受け取るという奇妙な事態が生じたのである。むろん、この新しい海の怪異はエーゲ海で大きな関心を呼びおこし、ギリシャの隣国のあいだに当惑の空気をつくり出した。とりわけ、トルコ政府は、この新しい種類の『トロヤの馬』にひじょうに関心をもった。なぜならば、それは、いつなんどき、ひそかにダーダネルス海峡を通りぬけて、ぽっかりコンスタンチノープルの眼前に現れぬとも限らないからであった」。

だとすれば、ギリシャを仮想敵国とするトルコが、この新兵器を欲しがったのは当然であろう。トルコも財政難ではあったが、ギリシャにくらべれば、はるかに余裕をもっていたから、潜水艦の一隻や二隻は買えたのである、だが、ザハロフの「愛国心」はどうなるのだ。トルコは、彼の一家の仇敵ではなかったか。ザハロフの立身出世のいとぐちをつけてくれたのはアテネではなかったか。

「だが、幸いなことに」――とルーインソーンはつづけて書いている――「軍需品の取引というビジネスはインタナショナルなものであった。ということは、だれであろうと、金さえ出せば、欲しいものを手に入れられるということなのである。だから、ギリシャ人であるザハロフでさえ、この鉄則を破ることはできなかった。昨日は、ピラウスのほとりの彼の同胞が彼の顧客であったが、今日は、ボスフォラスのほとりの人々――ギリシャの独立にたいする伝統的な敵、圧迫者――が彼の顧客であった。このもっとも国際的な事業では、一片のセンチメンタルな愛国主義も入りこむ空間などはない。軍需資本家たちのあいだの自由競争にはいささかの制限もなかった。もしも、ギリシャ、ルーマニア、ロシア、あるいは、その他のトルコの友好国が潜水艦を買い入れて海軍力を強化したいという意思表示をしたとしたら、ノルデンフェルトは、また、その代理人のザハロフは、いつでも喜んでそれらの国々にサービスしたであろう」。

この有名な潜水艦売込み事件で、「死の商人」ザハロフの地位は押しも押されもせぬものになった。「愛国心」と「商売」とを秤にかけてみて、「商売」を重しとする「死の商人」のモラルをきずくうえにおいて、ザハロフが切りひらいたこの前例は、まことに見事なものであった。

「死の商人」の一騎打ち

ザハロフのような「怪人物」となると、いろいろと、もっともらしい「伝説」が付きものであるが、実は、事実のほうが、ずっと「伝説」よりも奇怪なことがよくある。「機関砲王」マキシムと「ヨーロッパの謎の男」ザハロフのウィーン宮廷邂逅の場などは、「伝説」にもめったに見られぬような興味深い場面である。しかも、これが、後日、世界に名だたるイギリスの兵器トラスト、ヴィッカース・アームストロングの発展にとって歴史的なきっかけにもなっていることを考えあわせると、いよいよ興味をそそられるのである。

ところで、この話に入るまえに、順序として、「機関砲王」ハイラム・マキシムについて、すこし語っておかねばならぬ。マキシムはアメリカ生れのイギリス人で発明家であった。一八八四年、マキシムは、独自の構想による速射砲――いわゆる機関砲――を発明した。マキシムの機関砲は一分間に六六六発も発射できる当時としてはきわめて優秀なもので、それまでにあったガードナー、ガトリング、ノルデンフェルトなどの速射砲をはるかに凌ぐものであった。

マキシムは、この新発明の兵器をもって「武者修行」に出かけた。まず、イギリスでは、王侯貴族、将領の居ならぶ前で実験して見せ、観覧者一同の舌を巻かせた。イギリスは、こうして、マキシムの軍門にくだった。つぎはアメリカである。マキシムはアメリカの銃砲製造業者に手紙を送り、自分のパテントを買ってくれるように勧めた。だが、アメリカの業者たちは、きわめて冷淡で、なかには、マキシムの発明をまっこうからせせら笑うものさえあった。

マキシムの機関砲をはじめて大量に買ったのは、南アフリカのボーア人である。彼等は、機関砲の発射音から、この新式兵器に「ポムポム砲」という名前をつけた。「ポムポム砲」が、その後、ボーア戦争のさい、イギリス軍を大いに悩ますのであるが、イギリス人マキシムがイギリスの敵に武器を売り、「死の商人」としての面目を輝かすこの話は、前にも書いたから、ここでは、これぐらいでやめよう。

つぎはフランスであった。ヴェルサイユ射場での試射でマキシムは大成功をおさめた。同時にマキシムに挑戦したガードナー、ガトリング、ノルデンフェルトの速射砲は、いずれも撃退されてしまった。つぎは、スイス、イタリア、ドイツ、ロシアというふうに、マキシムは、全ヨーロッパをつぎつぎに征服して行った。カイゼル・ウィルヘルム二世はこの機関砲を見て感激していった――

「これだ！　これ以外に砲はな

マキシム（1840―1916）　機関砲の発明者。アメリカ生れのイギリス人。ザハロフと張り合ったが後に手を組んだ

い！」

マキシムの奇抜な「オデュッセイア」には、いくつかの笑話も付加されている。マキシムが中国を訪れたとき、李鴻章は、マキシムの機関砲の威力に感歎しながらたずねた。その時の問と答――「これを射つには、どれぐらい費用がかかるか」、「はい、一分間一三〇ポンドです、閣下」、「そうか、それは、わが国にとっては、すこし速く発射しすぎるようだ」。また、デンマーク王も、試射のあとで経費を確かめ、眼をむいた――「この機関砲は、二時間で、デンマーク王国を破産させてしまう！」

マキシムが、意気揚々として、その機関砲をもってフランツ・ヨゼフ皇帝のウィーン宮廷にあらわれたのは、一八八〇年代のおわりであった。このウィーンでもよおされた試射会には、ノルデンフェルトの代理人ザハロフも立ち会っていた。ノルデンフェルトは、マキシムの機関砲の出現によって、ヨーロッパでは、さんざん痛い目にあっていたのであるが、ザハロフには、禍を福に転ずる成算があったのである。

試射がひとわたりすんだとき、ウィルヘルム皇太子は感歎のおももちで叫んだ――「噂は聞いていたが、聞きしにまさる世界最強の兵器だ、こういうものは想像さえしたこともなかった」。これを聞いたマキシムは、いよいよ気をよくし、一世一代の離れわざを演じて見せた。それは、愛用の機関砲で標的のうえにF・J（皇帝フランツ・ヨゼフの頭文字）をあざやかに射ぬいて見せることであった。マキシムがこの曲芸に見事成功したとき、あたりには感歎のざわめきが期せずして起った。

その時である。

「見事な腕前だ！　すばらしい性能だ」

「だれだって、このノルデンフェルトの機関砲と太刀打ちできるものはあるまい」

そう言いながら新聞記者のあいだをねり歩く背の高い紳士があった。

「ノルデンフェルトだって？　あの発明家はマキシムという人じゃあないのですか？」

「いや、ちがう！」

その紳士は、何もかも知っているというふうに落ちつき払って答えた。しかも、外国人記者の便宜さえ考えて、ノルデンフェルトを英語流、フランス語流にも発音し直して見せるなどの周到さであった。この紳士がザハロフだったことはいうまでもない。

もっとも、ザハロフにしても、このような手で新聞記者をだますことはできても、専門の技術将校たちをごまかせぬことは知っていた。そこで、彼は、将校たちには、別の手をつかった。ザハロフはいったものである──「なるほど、この機関砲にかんするかぎり、どの会社もマキシム氏に太刀打ちすることはできない。だが、その点こそ、この一大発明の大欠点なのだ──つまり、だれも、これを模造できないというのがその理由である。したがって、マキシム氏の砲はいわばトリックであり、サーカスのアトラクションにしか向かないしろものである」。ザハロフは、さらにつづけて、マキシムの機関砲の部分品は完全な精密度をもって製造しなければならないから、一〇〇分の一ミリの誤差があっても、たちまち動かなくなってしまうとか、そのほかもっともらしい技術的欠陥らしいものをいくつも並べたてたのである。

ザハロフの舌三寸の力は恐るべきものがあった。翌日、大量の注文を予期して、意気揚々と陸軍省を訪れたマキシムは、比較的冷淡な態度で迎えられてびっくりした。ふしぎに思って聞いてみると、ザハロフというノルデンフェルトの代理人の非難にもっともなところがあるので、大量注文をさし控えたということであった。マキシムは、ようやく、一五〇台の注文をえただけでウィーンをひきあげねばならなかった。

兵器トラスト——ヴィッカースの発展

だが、このにがい経験をなめたマキシムは、ザハロフのようなすぐれたセールスマンなしには、機関砲の売込みを効果的にやってゆけないことを知った。ウィーン宮廷における事件は、この二人を反発させるのではなしに、逆に結びつけるという結果を生んだ。一八八八年、ノルデンフェルト銃砲製造会社とマキシム銃砲会社とは合同を実現した。すぐれたギリシャ人のセールスマン、優秀なアメリカ系イギリス人の発明家、そしてスウェーデン人の資本家——この三者は、ここに一体となり、「死の商人」の国際性は名実ともに発揮されることになった。

ザハロフは、マキシムとの合同によって、機関砲という新しい武器を手にしてからは、いよいよ縦横に活躍した。ちょうど折も折、日清戦争が始まっていた。アジアや、アフリカへの列強の進出は、いくつかの紛争をひきおこしていた。ギリシャとトルコとのあいだにもいざこざがおきていた。なかでも、ザハロフを利したのは、アメリカとスペインとが、フィリピンとキューバで戦火をまじえたことだった。ザハロフはスペインから二五〇〇万ドルという巨額の注文を取ることに成功した。マドリードでは、彼は、大国の大使にもまさる大立物であった。そういうわけで、彼はマドリードでは大いに歓待されたのであるが、ここが彼にとって居心地がよかったのは、ほかにも理由があった。ヴィラフランカ女公――この美しいブルボン家の血統をひいた貴族の女がこの「死の商人」の心をとらえたからである。ザハロフは、後年、ヴィラフランカと結婚する。

一八九七年、マキシム・ノルデンフェルトは、イギリスの兵器会社ヴィッカース父子会社によって買収され、ここに、資本金三七五万ポンドのヴィッカース父子・マキシム会社という有力な兵器会社となった。ザハロフは、むろん、この新しい会社の有力なセールスマンとなった。

ヴィッカース父子会社の歴史も、ドイツにおけるクルップのそれのように、一七九〇年代、鍛冶工場が創立されたときに始まる。この工場は、一八六七年、資本金一五万ポンドのヴィッカース父子会社となった。たまたま、イギリス軍部の兵器需要が増大したばかりでなく、普仏戦争が始まって戦争景気がさかんになったため、一八七一年、創立四ヵ年目には、早くも資本金五〇万ポンドにふくれあがった。一八九〇年代の建艦競争が始まったとき、さっそくこれに眼をつけて装甲板の製造、造艦技術の改良に力を注いでいたヴィッカースには、たちまち注文が殺到した。利潤は利潤を生み、ヴィッカースは、ベアトモア造船所以下多数の工場をつぎつぎに合併し、兵器会社として強力な地歩をきずくに至った。マキシム・ノルデンフェルトの買収をおこなった一八九七年には、ヴィッカースはバロー造艦造兵会社をも四二万五〇〇〇ポンドで買収している。

一九世紀のおわりから第一次世界大戦にかけて、ザハロフは、この巨大な兵器トラスト、ヴィッカースの資本の力を背景として思う存分の腕をふるった。日露戦争にさいして、ヴィッカースは、日本にも、ロシアにも、しこたま武器を売りこんだ。ザハロフは、ロシアに乗りこみ、セント・ピータースブルグ鉄工場およびフランス・ロシア会社と関係をつけ、この両社をつうじて、銃砲はむろんのこと、装甲板その他を大量に売りこんだ。さらに、ロシア造船会社をつうじて、黒海艦隊所属の最初の二隻の巡洋艦の注文を獲得した。

ザハロフは、トルコにも、出かけて行った。ザハロフがトルコでやった仕事は、トルコ海軍の再建、トルコ海軍工廠の近代化であった。彼は、この仕事をりっぱにやりとげ、そして、ヴィッカースと、彼自身のために、多大の利益を引き出した。彼の功績が並はずれていたことは、数年後、第一次世界大戦が始まったさい、一九一五年にイギリス艦隊がダーダネルス海峡を攻撃したとき、トルコ海軍から見事な反撃をくらったことで評価されるのである。これは、いわば、例の潜水艦事件の拡大再生産である。

このころになると、ヴィッカースだけでなく、ザハロフ個人も、全世界に網の目のように張りめぐらされた「死の商人」の資本網に関係するようになっていた。たとえば、イギリスでは、ヴィッカースと比肩する大兵器トラストであるアームストロング・ホイットワース以下の兵器会社と、フランスではフランス第一の兵器トラスト、シュナイダー・クルーゾーと、というふうに……。さらに、一九〇一年、装甲板製造にかんする英、米、独、仏各国のパテントからあがる利益をプールするために創設されたハーヴェー合同製鋼会社のかげにも、ザハロフの凄腕がふるわれたといわれている。ついでながら、この国際的な大兵器トラストには、イギリスからはアームストロング・ホイットワース、ヴィッカース以下の四大装甲板会社、フランスからはシュナイダー以下の五大製鋼会社、イタリアからはテルニ、ドイツからはクルップ、ディリンガー、アメリカからはカーネギーがそれぞれ参加していた。

第一次大戦とヴィッカース

第一次世界大戦はようやく近づきつつあった。それにともない、ヴィッカースの利潤も増大のひとすじをたどった。それは、一九〇九年―四二・四万ポンド、一九一〇年―四七・四万ポンド、一九一一年―五四・四万ポンド、さらに二年後の一九一三年には八七・二万ポンドとなった。戦争中、ヴィッカースの利潤は、一年一二%の割で増大しつづけた。

大戦直前のバルカン戦争（一九一二―一三年）の際にも、ヴィッカースとアームストロングとは、両交戦国に武器を売ってもうけていた。アームストロングは戦艦をトルコに売り、またヴィッカースとともにギリシャには潜水艦と水雷艇を引き渡した。一九一三年、つまり大戦の前年、両社は協力して、三万二〇〇〇トンの建造能力を持つ「トルコ帝国ドック・兵器会社」をつくり、ドイツの同盟国であるトルコ艦隊の基礎を固めたが、同時に、ロシア艦隊がトルコ艦隊に対抗できるように、ロシアのためにはニコラエフ海軍造船所を再建してやった。

ヴィッカースが、「戦争の脅威」を口実に、大規模な軍備拡張を促進し、そこから巨額の利潤をひき出したこと、また、こういう行為は利潤が第一で、祖国を第一とするものでないことについて、イギリスの有名な政治家フィリップ・スノウデンはつぎのように書いている――

「海軍大臣は、さきごろ、海軍当局とヴィッカースその他大会社との関係は、ふつうの取引関係以上に緊密であると語ったが、これらの会社の代表が閣議を傍聴することを許されているのは、たぶん、そのことの一つであろう。

愛国心はこの巨大な企業体（ヴィッカース）の営業方法の独特な特色の一つではないのである。たとえば、ヴィッカースは、バロウ、シェフィールド、バーミンガムに工場をもっているが、その活動はこの国だけに限られてはいない。ヴィッカースは、スペインのプラセンシア・デ・ラス・アルマスに造船所を所有しており、イタリアのスペチアにも別の造船所をもっている。つまり、ヴィッカースは、あきらかに、チャンスを利用しているのであって、地中海艦隊の創設という公約をひそかに期待しているのである」（スノウデン『ドレッドノート級戦艦と配当金』）。

スノウデンのこの鋭い指摘は、一九一四年四月一七日、議会の海軍予算委員会における質問演説のなかでおこなわれたものである。この指摘が正しかったことは、第一次世界大戦が

第1表　ヴィッカースとアームストロングの重役陣構成*

	ヴィッカース	アームストロング
公　　　爵	2	
侯　　　爵	2	
伯爵、男爵、以上の縁者	50	60
准　男　爵	15	15
従　男　爵	5	20
議　　　員	3	8
治安判事	7	3
王室弁護士		5
陸海軍将帥	21	20
海軍および政府の土建請負人	2	
金融業者	3	1
新　聞　人（社主をふくむ）	6	8

＊　ハニゲンおよびエンゲルブレヒト『死の商人』

始まってから後、事実によって証明された。

ヴィッカースは、戦争の始まる一年前の一九一三年に、七四万ポンドの増資をおこなった。一九一三年末の貸借対照表には「売出価格一ポンド一〇シリングの普通株七四万株の売出利益」という項目がある。ヴィッカースの株は人気株であった。ヴィッカースは、一九一四年にも一一万ポンドの増資を断行したが、この新株も、たちまち吸収された。

戦争の接近にともない、軍需景気がもりあがってくると、ヴィッカースの有力な株主のなかには、政界、財界、旧軍人などの有名人がふえてきた。たとえば、前陸軍次官ロード・サンドハースト、ロード・チェンバレン、植民地大臣ルイス・ハーコート等々。ザハロフが大株主の一人であったことはいうまでもない。もともと、ヴィッカースは、政界、財界、王侯貴族などの有力者を結集していたことで有名であった。その点では、ヴィッカースの強敵であり、後年ヴィッカースに合併されたアームストロング・ホイットワースも同様であった。両社の重役会の構成を示す第1表の興味あるリストは、このことを示している。

ヴィッカースは、第一次世界大戦中、文字どおり連合国の兵器廠として活動し、異常な膨脹をとげた。ヴィッカースの社報によれば、戦争中、ヴィッカースが供給した兵器はつぎのとおりであった。戦艦四隻、装甲巡洋艦三隻、潜水艦五三隻、補助艦その他小艦艇六五隻、合計二〇・一万トン、重砲二三二八門、飛行機五五〇〇機。戦争をはさんで、資本金は五五五万ポンドから一二三二万ポンドへと二倍も躍進した。

ザハロフがこの戦争から大きな利益をひき出そうとしたことはいうまでもあるまい。一九一七年に、アメリカの調停工作で和平交渉がおこなわれようとしたとき、ザハロフはこういった――「戦争はとことんまで徹底的にやらなければならない」。このことは、当時のパリ駐在のイギリス大使ロード・バーティーが一九一七年六月二五日づけの日記に書いているのだから、まちがいはないであろう。

バルザック的人物

戦争が終るとき、「死の商人」には危機がくる。この危機を見こしたザハロフは、彼の「死の商人」としての振り出しの地――ギリシャ――でチャンスをつくろうと考えた。ザハロフの考えは、一敗地にまみれたトルコにたいしてギリシャをけしかけ、「大ギリシャ」を建設しようというのであった。ギリシャ人ザハロフの「愛国心」である。このため、彼は、「友人」であるロイド・ジョージとクレマンソーとを動かすことにし、自分は、ポケットをはたいて、ギリシャ軍の装備を強化するために四〇〇〇万ポンドを「投資」することにした。ギリシャ・トルコ戦争は、こうしておこった。

もしも、フランス政界で反クレマンソー派の勢力が強化しなかったとしたら、また、ギリシャでこのくわだての中心になっていたヴェニゼロス政権がアテネにおける反乱のため動揺しなかったとしたら、あるいは、このザハロフの「夢」ないし「大賭博」は実現したかも知れない。しかし、事態は逆であった。ザハロフは失敗した。イギリス議会では、ウォルター・ガイネスのような正義派議員の一派が「『死の商人』がイギリスの外交政策を決定するなどとはもってのほかである」とロイド・ジョージ首相につめよった。まもなく、この事件がきっかけとなって、ロイド・ジョージ内閣自身も総辞職せざるをえなくなった。

ザハロフは、とんだところで大賭博に失敗したものである。彼は引退を決意した。彼の「友人」クレマンソーは、この失意の友の身のふり方を心配し、けっきょく、モナコ王国のモンテ・カルロに賭博場の権利を確保してやった。そこで、ザハロフは、例のスペインの女公ヴィラフランカと愛の巣をここにかまえ、ルーレットやバカラの「王者」として君臨することになったのである。一世一代の「死の商人」と賭博場――運命の女神はここでも皮肉屋であった。だが、そうはいっても、ザハロフは落ちぶれたわけではない。彼にはヴィッカースの株があり、石油株があり、やはり、ヨーロッパで指折りの大金持の一人であることに変りはなかったのである。

モンテ・カルロのザハロフの邸宅のマンテル・ピースのうえには、一個の黄金のカップが飾られていた。それには、こう刻まれていた――「サー・バシル・ザハロフ閣下に呈す――ヴィッカース社取締役会一同。ザハロフ氏の五〇年にわたる同社との関係の完了を記念し、かつ、同社にたいして氏が寄与せられた価値高き活動への感謝のしるしとして」。

ところで、最後に、「死の商人」としてのザハロフのやり口について、ルスビュルト教授がまとめているところをきこう――

「多くの実例から結論されるところによれば、ザハロフのやり口はこうである。まず、諸国家間に政治的緊迫状態をつくり出す。つぎに、この彼の舞台裏での手綱さばきがうまく行って、実際に戦争が始まると、こんどは、武器や軍需資材を敵味方両方に売る。ざっと、こういうところだ。もっとも、場合によっては、彼の事業を好況にみちびくためには、単なる『戦争の脅威』が存在するだけでいい場合もある。たとえば、一九二三―二四年のドゥルーズ派（レバノンの土着民族）の反仏反乱がその場合であって、このとき、英仏両国は、戦争寸前の状態にまで近づいたのであった」。

ザハロフは「ヨーロッパの謎の男」だという。たしかに、そうであろう。彼は、ギリシャの貧乏な商人のせがれだった。だが、数十年後、彼は、イギリスではナイトの爵位に叙せられ、フランスではレジヨン・ドヌール勲章をもらった。ロックフェラーやモルガンに匹敵すある大金持となり、スペインの貴族の女と結婚した、しかも、彼は、この地位や富を、すべて、戦争のなかから、いいかえれば、多くの人間の生命の犠牲において、引き出したのである。

「毎年、すぐれた文学作品に授与される多数の賞の一つであるバルザック賞が、もしも、国際的取引事業の『傭兵』にあたえられるとしたら、これほど適切なことはないであろう。なぜならば、もしも、今日までに、バルザック的人物が実在したことがあるとすれば、それは、ザハロフを措いてはないからだ。この大冒険金融家の前では、セザール・ビロトーも小人にすぎない。一体、バルザック以外に、どんな作家が、ザハロフのように、神秘と偉容、ロマンティシズムとリアリズムとを一体化した人間を考え出せるであろうか。恋人ヴィラフランカ女公にあいにマドリードに急行するかと思えば、そこで、兵器の大量注文を釣りあげる。セント・ピーターースブルグでは大公と差し向いでチビリチビリやる。彼と交渉をもちたがらないヨーロッパ諸国の大臣たちとも心臓を強くして話しこむ。ホワイト・ホールでも、ケイ・ドルセー（フランス外務省）でも同じように、平然と話をつける。まさに、魅惑的、神秘的人物というのほかはない！」（ハニゲンおよびエンゲルブレヒト『死の商人』）。

生きているザハロフ

一九三六年一一月二七日、この「死の商人」ナンバー・ワンは、モンテ・カルロの邸で、八七歳の波瀾に満ちた生涯をとじた。

ザハロフがヴィッカースから引退した事情が象徴するように、第一次世界大戦後の十数年間は、ヴィッカースにとっても厄年の継続だった。一時は、さしものヴィッカースも、破産寸前にさえ追いこまれたほどである。

だが、風向きは変ってきていた。ザハロフ死没の前年、ヒトラーは再軍備を宣言し、ムソリーニはエチオピア侵略を開始していた。独軍のラインラント進駐やベルリン・ローマ枢軸成立の報は、臨終を前にした病床のザハロフの耳にも達していた。

このような風雲の急迫化に刺激されて、イギリスも軍拡計画に踏み切ったが、それがヴィッカースの社運挽回に幸いしたことはいうまでもない。一九三四―三九年のあいだに、ヴィッカースは、政府の軍需注文の四〇%以上を受注し、軍需品は同社の年間売上げ総額の八四%を占めるにいたった。労働者数もこの六年間に一万七〇〇〇人から五万九〇〇〇人に激増した。

第二次世界大戦中、ヴィッカースは、戦艦、巡洋艦、空母、潜水艦等の艦艇一八八隻、艦砲一万四〇〇〇門、銃火器一五万挺、戦車六二〇〇台、航空機二万八〇〇〇機を生産した。労働者数はピーク時の一九四三年には一七万人に達した。

戦時中、ヴィッカースの重役たちは、政府の戦争計画の指導者にさえなった。かつて、スペインのフランコ政権がヴィッカースに軍艦を発注したり、ソシエダード（在スペインのヴィッカースの会社）の便宜をはかってくれたりするからという理由で、ヒトラーやムソリーニにつながるフランコ・ファッショ政権の肩をもったヴィッカースの重役サー・チャール

第2表　最近のヴィッカースの業態*

	1952年	1953年	1955年	1957年	1958年
年間売上高（100万ポンド）	—	—	132.0	196.3	176.9
純　　益（100万ポンド）	3.01	2.94	6.35	6.20	6.59
労働者数（人）	59,300	60,900	83,100	89,900	75,800

*　New Times, No.26,1960

第3表　ヴィッカースの各種製品の割合*

	1954年	1958年
総額（100万ポンド）	100.0	177.0
総額にたいする割合（%）**		
艦　船	19.0	16.5
航空機	20.0	38.0
鉄鋼製品	25.0	21.0
機械設備	36.0	24.0

*　New Times, ibid.
**　1958年はその他（0.5%）をふくむ

ズ・クレイヴンは生産省の産業顧問となり、同じく、サー・ジョン・アンダースン（現在のウェイヴァリ卿）は国防相、また後に枢密院議長となった。

彼等は、戦後、みんなヴィッカースの重役会に戻ってきたが、その他、戦時中（一九四二―四五年）の帝国参謀総長サー・ロナルド・ウィークス中将はヴィッカースの社長となった。

戦争直後の一、二年間、ヴィッカースは、やはり第一次世界大戦後と同様不況に見まわれた。軍需生産額は総生産額の一五―二〇%に落ち、純益も半減した。しかし、冷たい戦争の開始と、とりわけ朝鮮戦争を契機とする軍拡気運でふたたび新しい活況がやってきた。核・ミサイル時代の到来とともに、ヴィッカースの製造品目にも変化があらわれ、ジェット航空機、誘導ミサイル、エレクトロニクス製品が主流にのしあがってきた。一九五〇年いらい、ヴィッカースは原子力の分野の研究を開始し、一九五五年には原子力艦艇の生産に入った。原子力公社の創設に一はだぬいだのは、ヴィッカース社長、ＩＣＩ重役ウェイヴァリ卿だった……。

ザハロフは核・ミサイル時代を見ずに死んだ。だが、ザハロフ魂にあふれた彼の後継者たちは、ザハロフの「偉業」をりっぱに継承しているといえないだろうか。

Ⅲ　クルップ――「大砲の王者」

セルヴィア人とブルガリア人、トルコ人とギリシャ人とがおたがいに戦いあうとき、クルップの大砲は両者に死と破壊とをもたらす。ヨーロッパの列強が国境を防衛しようとするとき、これらの国々の要塞にはクルップの大砲が林立する。いや、アフリカを旅行し、ナイル河をさかのぼり、また、遠くアジアにおもむいて巴旦杏に似た眼をもつ中国人たちのあいだを歩むとき、クルップの大砲は、文明の進歩を計る厳然たる証拠となっているのである。

――H・M・ロバートソン『クルップ一家と国際軍需資本家団』

フランダースの悲喜劇

……その日、ドイツ軍の塹壕は、突如、恐慌状態におちいった。わずか数十メートルをへだてて相対峙したイギリス軍の塹壕から、ひっきりなしに飛んでくる手榴弾が、これまでになかった物凄い威力を発揮したからだ。

はじめのうちは、フリッツ（ドイツ兵のあだ名）たちは、たかをくくって、ばかにしきっていた。「また、ジョン・ブル（イギリス人）の野郎どもが、ボール投げをはじめたぞ！」、「うまく破裂したらおなぐさみというもんだ！」

それもそのはずであった。これまでは、イギリス兵が投げてよこす手榴弾は不発が多く、物の役に立たぬのがむしろふつうで、フリッツたちがばかにするのもむりがなかったのである。だが、いったい、どうしたというのだろう！　今日は、様子がすこしちがっていた。飛んでくるやつも、飛んでくるやつも、みごとに破裂するではないか！　地面に接触したとたん、轟然と爆発して機関銃座を兵隊もろとも吹きとばすのがあるかと思うと、落っこってから何ともないので、「ほい、また、不発だわい！」と思いこんでいると、数秒たってから、猛烈な爆風をともなって炸裂するのもある。しかも、ほとんど一発のこらず爆発するのである。ドイツ軍の塹壕は、たちまち、恐慌状態におちいった。狙撃兵がやられる。機関銃手が倒される。あたりいちめんは、見る見るうちに血と泥と肉塊とでこねまわされ、眼もあてられぬありさまになった……。

　時ならぬ手榴弾の嵐がちょっと途絶えたのを見すまして、一人の血だらけになったドイツ兵が分隊長のところへいざりよってきた。

「分隊長どの！　ちょっ、ちょっと、こいつを見てください！　敵は味方の手榴弾を使っていますぜ！　これ、こいつです！」

「ばかな！　おまえ、おじけづいて、頭がどうかなっとりゃせんか！　味方の手榴弾は不発弾なんかあるはずはない。それに、こっちのやつを拾って投げかえすにしちゃ、数が多すぎる！」

　そういったものの、兵隊のわたした不発の手榴弾をしげしげと眺めた分隊長の顔は、さっと青白くなり、ついで赤黒くなった。まさに、ドイツ軍の使用している精巧無比、必発必中のクルップ製撃発信管、時限信管を装置した手榴弾と、寸分のちがいもない。これまでというものは、ドイツ軍は、この手榴弾でイギリス軍を大いに悩ましつづけたものだったが、一体、どうして、これが大量に敵の手にわたったのだろう。分隊長には、この謎がついに解けなかった。そのうち、ふたたび開始された謎の手榴弾の攻撃で、この分隊長も、とうとうやられてしまった……。

だが、おなじに見えたドイツ軍とイギリス軍の手榴弾は、よくよく検《しら》べてみると、すこしちがうところがあったのである。イギリス兵が投げてよこした手榴弾は、イギリス第一の兵器工場、ヴィッカース会社製のもので、KPZ 96/04 という小さな符号がついていた。ドイツ軍の使っていたそれに刻まれていた符号は DZ 96 である。だが、符号は、このように、たしかにちがっていたが、信管そのものは別物ではなかった。DZ 96 というのは、クルップ信管の略符号なのだが、KPZ 96/04 というのは、クルップ・ツンダー Krupp Zünder の略称で、実は両方とも同じものだったのだ。戦争前、ヴィッカースは、クルップから、この信管の特許を買っていた。そして、戦争が始まってから、このクルップの特許を利用して、高性能の手榴弾を大量生産し、ドイツ兵たちを悩ましたわけである。第一次世界大戦当時、フランダースの戦場での挿話である。

だが、この挿話は、これだけでは終ってはいない。この挿話は、画竜点睛の効果をもつ、もう一つの挿話を付け加えなければ完結しないのである。

クルップの商標。継ぎ目なしの鋼鉄製鉄道車両用車輪の断面を３つ組み合せたもので、クルップ2世（アルフレート・クルップ）が19世紀末に制定したもの。大砲の砲口の断面を組み合せたのだと世人は皮肉った

　戦争が終ったあと、クルップはドイツ産業証券銀行から社債の償還を要求された。当時クルップは、ヴェルサイユ条約にしたがって、工場の解体を強制され、エッセンの工場だけでも、兵器製造用機械九三〇〇台、特殊工具八〇〇組、価額にして一・〇四億マルクに及ぶ機械設備を破壊したばかりのときであった。社債償還の財源に頭を悩ましたクルップにたいして、ドイツ外務省は、救援の手をさしのべた。例の手榴弾の特許にかんして、ヴィッカースを相手どり、特許権侵害を理由とする損害賠償を提起せよというのである。この勧告の背後には、クルップの債権者であるドイツ産業証券銀行があったことはいうまでもないが、この銀行の重役陣の一人にグスタフ・クルップ・フォン・ボーレン・ウント・ハルバッハ——つまり、クルップ一家の重鎮の一人——がいたことは銘記しておく必要があろう。

　クルップは、えたりとばかり、この訴訟を実際にやってのけたのであるが、その内容はこうであった——特許権侵害の損害賠償として、手榴弾一発につき一シリング、総額一・二三億シリングを要求する。これは、いいかえると、戦場で死んだ二〇〇万のドイツ兵一人につ

き六〇マルクずつの割合でコミッションをよこせというに等しい。クルップの考えかたからすれば、イギリスは、この特許使用のおかげで、たくさんのドイツ兵をぶち殺すことができたのだから、それぐらいの支払いをするのはあたりまえだ、というのであった。

このクルップのヴィッカースにたいする請求権は、後年、ヴィッカースがアームストロングと合併したときまで、ヴィッカースの帳簿の負債勘定に記帳されていた。もっとも、クルップは、要求どおりの額を手に入れはしなかったようである。そのかわり、ヴィッカース支配下のスペインのミールス鉄鋼圧延工場の株の大半をひそかに譲渡され、それで満足したという話である。だが、このすばらしい挿話は、「大砲の王者」クルップ一家の家風を何よりもよく物語っているといえないであろうか。フリードリッヒ・クルップが一八一一年エッセンに小さな鋳鋼工場を創立してから今日まで、一世紀半そこそこのクルップ家五代の歴史は、この挿話にあらわれたような、たくましい、したがって、また、鉄面皮な資本家魂、「死の商人」気質でずっと貫かれているのである……。

クルップの雌伏時代

「今日では、『クルップ』と『エッセン』は、おたがいに切り離しえない一つの概念にさえなっている。このことは、われわれドイツ人のばあいにそうであるばかりでなく、外国人が『エッセン』という地名をあげるばあいには、たいてい、クルップとか、あるいは鋼鉄、大砲とかを意味することが多いのである。だが、実際上からいえば、エッセンでは、鋳鋼工場

クルップ1世（フリードリッヒ・クルップ）（1787—1826）

ができる数百年前から、すでに武器や鉄の製造がさかんであった。鍛冶工業は多くの人々の手でおこなわれ、兵器は何千となく製造されていた。エッセンの商人や、初期のクルップ家も、これらの武器の取引などで財をえていたのである」。

クルップ家のおかかえ歴史家ウィルヘルム・ベルドロウは、クルップ家の「偉業」を礼讃した有名な本（Wilhelm Berdrow: "Alfred Krupp und sein Geschlecht", 1937）の序文のなかでこう書いている。ベルドロウは、おかかえ歴史家であるから、むろん、真実を伝えていないが、にもかかわらず、クルップ家の歴史が初めから戦争と密接なつながりをもっていたことは否定していない。

後年、巨大な兵器工場となった鋳鋼工場をフリードリッヒ・クルップがエッセンに初めて設立したのは、一八一一年一一月二〇日のことである。だが、この鋳鋼工場は、成功したとはいえなかった。一八二六年一〇月八日、フリードリッヒが失意のなかで死んだとき、わずか一四歳の長男アルフレートの手に残されたのは、小さな工場と七人の職工たちだけだった。だが、アルフレートが一八八七年に死んだとき、クルップの名は、すでに全世界にとどろいていた。このあいだ、わずか六〇年ばかりである。クルップの基礎は、まさに、アルフレートがきずいたということができよう。

アルフレートは、はじめのうちは、鉄道用資材や機械などの「平和的」な製品をつくっていた。だが、それと同時に、かれが一貫して打ちこんでいた仕事は強靭な坩堝鋼《るつぼこう》の発明であった。一八四二年、かれは、ついに、多年の努力の成果を獲得した。一八四四年、クルップの鋳鋼は、ベルリンの勧業博覧会で金牌を獲得した。クルップは、そこで、この鋳鋼を原料として、まず銃身の製造に、ついで大砲の砲身の製造に進んで行った。

だが、クルップを落胆させたことには、プロシャ陸軍省は、クルップの発明およびクルップの製品にたいして、きわめて冷淡であった。クルップが、坩堝鋼による銃身をはじめてつくったとき、プロシャ陸軍省は「プロシャの兵器はすでに充分優秀であるから、これ以上改良の必要をみとめない」というけんもほろろの態度を示した。クルップ鋼を材料とするクルップ砲がはじめて生産されたときでさえ、陸軍省の態度は、前よりすこしは積極的にはなったが、けっして熱心とはいえなかった。実際、一八四九年までというものは、プロシャ陸軍の大砲試射委員会は、クルップ砲の試射さえうけつけず、まして、注文などは一つもしなかったのである。クルップ砲の優秀性が、ロンドン（一八五一年）、ミュンヘン（一八五四年）、パリ（一八五五年）など各地の博覧会で評判になっても、プロシャの軍部は頑強に態度をかえなかった。いや、それどころか、プロシャ陸軍省は、大砲の注文を外国の兵器製造業者に公開入札させようとさえしたのである。このとき激昂したクルップは、プロシャの首都ベルリンに駐在するエージェントに書き送った――「よろしい、もしも他の鋳鋼業者が一門でも大砲の注文を引きうけるようなことがあったら、自分はただちに全世界に向かって、ほしいだけの大砲を供給してやる！」。実際、クルップは、後日、このことばを実行した。クルップは、ベルギーには野砲を、イギリスの兵器工場ヴィッカースとアームストロングの両社には艦砲を供給したのである。

ついに、クルップが宿望を達する日がやってきた。一八五六年に、エジプトの王、サイド・パシャは、クルップ砲の威力を高く評価し、大量の注文を発した。これは、クルップが世界的な「死の商人」、「大砲の王者」として君臨する第一歩となった。サイド・パシャにつづいて、フランスも三〇〇門の大砲を注文した。もっとも、クルップは、プロシャの銀行からも、フランスの銀行からも金を借りることができず、資金の欠乏のため、このフランスの注文を取り逃がしてしまった。クルップがくやしがったのはいうまでもないが、フランス政府も、後日、このことで大いにくやむ羽目に陥ったのは、何としても皮肉なことである。

こんないきさつがあってのち、クルップはようやく、ビスマルクの知遇をえることに成功し、ついで、プロシャの摂政ウィルヘルムの臨幸をあおぎ、ウィルヘルム皇太子に取り入ることにも成功した。クルップはエッセンの工場にウィルヘルムの臨幸をあおぎ、台のうえにおいた懐中時計のうえに猛烈な速度で落下する三〇トンのハンマーをあわやという瞬間に静止させてみせ、ウィルヘルムを感歎させた。この有名な挿話は、クルップがウィルヘルムの知遇をえたきっかけになったといわれている。

それはさておき、ビスマルクやウィルヘルムに接近するやいなや、クルップが、たちまち大量の注文にあずかることができたのはいうまでもない。経営上の難事だった銀行からの金融の問題も、しだいに、うまく行くようになった。このとき以後、エッセンのクルップ工場の発展が急速に進んだことは、つぎの数字からも分る。たとえば、工場敷地面積は、つぎのように増加した。一八五三年―二・五エーカー、一八六一年―一三・五エーカー、一八七三年―八六エーカー、一九一四年―二五〇エーカー。使用労働者数も急激に増加した。一八四九年―一〇七名、一八六〇年―一〇五七名、一九一四年―八万名。

「死の商人」の片鱗

こうして「大砲の王者」としてのクルップの基礎をきずいた二つの戦争――普墺戦争と普仏戦争――がやってきた。まことに、一八六〇―七〇年の一〇年間こそ、クルップの歴史のうえで、もっとも劇的な時代であった。クルップが「愛国心」をどんなにうまくひけらかしたか、ひとたび成長したこの「死の商人」がどのようにかつての支配者を逆に支配したか、というつぎのような興味ある物語もここに展開されるのである。

一八五九年、クルップは、こういった――「ある種のプロシャ軍の大砲は、外国では、まったく知られていないが、それは、自分がその構造や製法を国家機密として厳秘に付しているためである」、「かりに、プロシャ軍の大砲の構造を外国に知らせねばならぬとしたならば、また、われわれが外国の注文に応ずるとしたならば、それは、まず、プロシャの同盟国に限るべきである」。それから一年たった一八六〇年、クルップは、プロシャ軍に大砲を供給したが、クルップ自身のことばによれば、「これはビジネスの問題でなく、名誉心の問題だった」。このかぎりでは、クルップは、第一級の愛国者としてふるまったわけである。では、クルップは、一〇〇パーセントの愛国者だったであろうか。

ちょうどこのころ、クルップは特許権の更新を商工大臣に申請したことがあったが、商工大臣は、なかなか許可をあたえなかった。そこで、クルップは、さっそく、かれの「親友」である摂政ウィルヘルム皇太子に思わせぶりな書簡を送った——「じぶんの愛国心は多大の犠牲をともなっている。諸外国の政府は、じぶんにたいして、眼もくらむばかりの大金を積んでいるし、万端の保護をあたえようとも申し出ている。だが、これまで、じぶんは、こういう誘惑をしりぞけてきている」、「じぶんは、外国にたいしてクルップ砲を供給することを拒否しているが、それは、それによってわが祖国に奉仕しようとするがためである」。これは、りっぱなゆすりである。

摂政皇太子の方は、すぐ、この手紙の意味を読み取った。皇太子は「エッセンの商工顧問官アルフレート・クルップがこれまでに示した愛国的感情、とくに、かれにたいし莫大な利潤を約束した外国からの大砲の注文を拒否した愛国的感情を愛でて」、クルップの特許権の更新をただちに許すよう商工大臣に命じたのである。クルップは、いまや、効果的な「手」を覚えた。クルップは、その後、政府にたいして何か要求があると、いつも「愛国心」を持ち出すことを慣習にしはじめた。あるとき、クルップは、かつてかれの「出世」をさんざん妨げた陸軍大臣のフォン・ローンにたいして、特許権のことで、こういってやったことがある――「こういう事情のもとでは、これまで私が自発的に採ってきたやりかた、具体的に申せば、他日プロシャに砲口をむけるおそれのある外国からの大砲の注文をけとばし、この注文にともなう膨大な利益をも無視するというやりかた、これを継続することは不可能でしょう」と。

実際、クルップは、諸外国にぞくぞく大砲を供給した。一八六三年にはロシアの注文におうじ、ロシアの大砲技術者たちは、クルップの工場で技術をみがいた。一八六四年のデンマークの戦争も、クルップを富ませる契機になった。だが、それにともない、クルップは、しだいに、「愛国心」についてうんぬんしなくなっていった。

一八六六年、普墺戦争が始まる直前のことである。オーストリアは大量のクルップ砲を買いつけようと躍起になっていた。これに驚いた陸軍大臣のフォン・ローンは、クルップにたいして、オーストリアに大砲を売ってくれるなとひそかに頼みこんだ。フォン・ローンの手紙は、こうであった――「現在の政治情勢にかんする愛国者としての顧慮を捨て去り、皇帝陛下の政府の許可なくしてオーストリアに大砲を供給しないという心構えを持たれるかどうか、失礼もかえりみず、ここにおたずねいたすしだいである……」。フォン・ローンが、こう書いたのもむりもない。オーストリアの友邦とみなされていた南ドイツ諸邦にたいして、クルップは、すでに多くの大砲を供給していたからである。このうえ、オーストリアにまで大量の大砲をあたえられては、プロシャとして大打撃をこうむるのは必定であった。

だが、このときは、もう、主客は逆にひっくりかえっていた。クルップは、フォン・ローンが要求してきたような条件は「契約破棄」の義務を押しつけるものだ、と抗議した。同時に、クルップは、堂々たる「死の商人」の貫禄をみせながら、「オーストリアの注文の仕事にはまだかかっていないから安心ねがいたい」といい、さらに、皮肉たっぷりでつけくわえたものである──「政治上のことがらについては、私は、ほとんど何も知っていない。しかし、私は、波風を立てずに事業をつづけて行きたいのである。けれども、その結果、祖国への愛と名誉ある行動との板ばさみになり、この二つの調和をかきみだすことなしには事業をつづけられぬような羽目になるならば、私は、全事業を放棄し、工場をたたき売り、独立自主の大金持としてゆうゆう暮すことになるでありましょう」。干渉するなら干渉してみるがいい、おれの考え一つでプロシャにも大砲を一門もやらないようにしてやれるのだぞ、という恐るべきハッタリであった。「大砲の王者」の声は、まったく「鶴の一声」であった。このとき以後、クルップは、外国からの注文を受けるとき、「愛国心」をだしにして嫌味をいわれることが、すこしも、なくなったのである。

クルップ砲の威力は、一八六六年の普墺戦争で、りっぱにテストされることになった。プロシャは、もちろん、クルップ砲で武装していた。オーストリアがわも、やはり、クルップ砲で身を固めていた。その結果、あの有名なケーニヒグレーツの戦闘では、おなじドイツの同胞たちは、おなじ鋳型で鋳られた大砲で仲よく打ちあい、殺しあい、しかも、この大砲の代金は、これまた仲よく、おなじ金庫のなかに流れこむという悲喜劇が演じられたのである。

「死の商人」クルップがナポレオン三世にも色眼をつかったのはいうまでもない。普仏戦争のおこる二年前、一八六八年四月二九日、クルップはエッセンの工場の製品カタログを同封したつぎのような手紙をナポレオン三世に送った――

「わが畏敬する皇帝陛下が一介の工業家たる私、および私の払った努力と犠牲のもたらした幸運な結果にかんして賜わった深い御関心に勇気をえて、ここに同封のカタログの御嘉納を願いたく、無礼をもかえりみず書簡を捧げるしだいであります。このカタログには、私の工場で生産されました各種製品の実例が残らず掲げられております。私は、とりわけ、陛下が最後の四ページについて、しばし御注意を払われることをあえて熱望するものであります。といいますのは、ここには、私がヨーロッパ諸国の政府の御注文におうじて製造いたしました鋳鋼砲のカタログが掲げられているからであります。これらのカタログは、私の僭越を充分お許しくだされるものとなると存じます。

一八六八年四月二九日　エッセンにて

アルフレート・クルップ

ナポレオン三世陛下へ」

この類まれな手紙にたいする返事はつぎのとおりであった――

「皇帝は多くの興味をもってカタログを受納されたが、皇帝は、貴下の書簡に感謝の意を表され、かつまた、人類にたいし偉大な奉仕をなすはずである貴下の工業の成功と発展を熱望される旨、貴下に伝えるようにと御下命あそばされた」

だが、幸か不幸か、フランスの将軍ル・ブーフは、クルップに好意を示さず、クルップから大砲を買わなかった。その結果、一八七〇年、いよいよ普仏戦争が始まったとき、あのケーニヒグレーツの悲喜劇はくりかえされなかった。戦争は、クルップ砲と非クルップ砲とのあいだで交えられた。だが、この戦争は、クルップ砲の優秀性をあらゆる点から証拠立てた。クルップ砲の照準は正確無比であり、発射は規則的であり、どんなに乱暴にとりあつかっても、ほとんど故障しなかった。この当時、軍事専門家の一致した結論が指摘したように、「クルップ砲がプロシャを勝たせた」のであり、「ナポレオン三世は、クルップ砲の購入を退けたために戦争を失ったのであった」。

「大砲の王者」の宮廷

普仏戦争の勝敗にたいしてクルップ砲が果した大きな役割は、もはや、「大砲の王者」クルップの地位を動かぬものにした。クルップの代理人たちは、あらゆる国々に派遣され、あらゆる国々で外交官や政治家たちを金の力で買収し、クルップの大砲にドアをあける機会をつくらせた。クルップ・コンツェルンの歴史を研究したヴィクトール・ニーマイヤーは、『アルフレート・クルップ――その生涯と事業』（一八八八年）という本の中で書いている――「『大砲の王者』の宮廷は、暗黙のうちに、ヨーロッパ諸国の宮廷の数の中に入れられていた。ほとんどすべての文明国の在外代表たちが鋳鋼砲を手に入れようとひしめきあっていた。しかも、かれらは、この大砲でおたがいに撃ちあいをやろうというわけだったのだ」。こうして、クルップの大砲は、世界中のいたるところに入りこんで行った。プロシャ、ロシアは言わずもがな、イタリア、デンマーク、スペイン、バルカン諸国、スウェーデン、ポルトガル、オランダ、さては遠く中国や日本までもがクルップ砲を買った。クルップが供給した大砲は二万三〇〇〇門に及んだ。砲弾は日産一〇〇〇発を数えた。

「大砲の王者」は一八九〇年代に入ると、こんどは装甲板の製造に手をつけた。近代戦における刀や剣である大砲をまずつくり出して声威を高めたクルップは、こんどは、その刀や剣から身をまもる鎧を製造することに眼をつけたわけである。一八九三年、クルップは、ついに優秀な装甲板を完成した。この装甲板が世界各国の渇望の的になったのはいうまでもないが、そのことを百も承知のクルップは、トン当り四五ドルという当時の相場では、とほうもない権利金をとった。それでも、各国はこの高い代価を払ってクルップの装甲板の特許権を手に入れた。その結果、一九一四年、第一次世界大戦が始まったとき、イギリス、フラン

1912年、エッセンを訪れたカイゼル・ウィルヘルム2世（左端）。その右はクルップ4世（グスタフ）

ス、イタリア、日本、ドイツ、アメリカ、つまり敵味方に分れた強国は、例外なしに、クルップ装甲板で武装した軍艦を出動させたのであった。

このころになると、クルップは、ドイツ帝国主義の国家権力自身と切っても切れぬほど密接に癒着していた。一九〇三年にクルップ工場は再組織されたが、その最大の株主は、ほかでもないカイゼル・ウィルヘルム二世であった。ドイツ帝国は、年々、巨額の助成金をクルップに与えた。一九〇六年、クルップが潜水艦の建造に着手したとき、カイゼルがクルップにあたえた実験費は一〇〇万ドルに及んだ。第一次世界大戦に先立つ一〇年間、ドイツ政府は外国から全然武器を買わなかった。いいかえれば、クルップは、ドイツの兵器市場を独占したのである。こんなことは、他にまったく類例を見ないことだった。

しかし、クルップは、かならずしも、かれの祖国にたいして、忠実無比だったわけではない。かれは、時として、条件によっては、祖国ドイツにたいする以上のサービスを外国に提供することがあった。一九〇〇年ごろ、クルップは巡洋艦用の特殊ニッケル鋼板をアメリカに売ったことがあったが、その値段は、ドイツ政府に売ったばあいよりも、ずっと安かった。クルップにとっては、これは、「破廉恥」でも「非愛国的」でも何でもなかったが、一般のドイツ人にとっては、むろん、そうではなかった。だから、ドイツ社会民主党の議員ズューデクム博士は、一九〇二年一月八日の議会で、つぎのような質問演説をおこない、海軍大臣フォン・ティルピッツ提督の答弁を求めたのである――

「われわれは、卑劣漢を卑劣漢として呼ぶことをためらうことはやめようではないか。本議員は、いま、ある装甲板製造業者のことを念頭に置いているのだが、この男は、外国にたいするよりも高い値段で祖国に装甲板を売りつけているのだ。こういう人物は、あらゆる時代をつうじて裏切者として非難さるべきである」。

これにたいする海軍大臣の答弁は、こうであった――

「クルップの特許権を獲得したアメリカの会社が、クルップがドイツ政府に売るよりも安い値段で、アメリカ政府に装甲板を提供したことは、まったく、事実である。しかし、これは、アメリカ政府が、一度に大量の注文――三万トンないし四万トンと自分は信じるが――をなしえたという事実にもとづくものだ」。

この事件について、有名な経済学者ルヨ・ブレンターノは、一九一三年一一月一二日のベルリーナー・ターゲブラット紙上に「クルップ事件について」という論文をよせ、義憤をほとばしらせた――

「クルップがニッケル鋼板を、アメリカ海軍にたいして、ドイツ海軍にたいして売るよりも八〇〇マルクも安く売ったという事実は否定できない。自分は、あるイギリス人からこの間の事情をきいたが、それによると、各国の軍需工業会社のあいだには、いわば国際的なカルテルのようなものがあって、各社は協定にもとづいて無用の競争をさけているのだそうである。たとえば、アームストロングはドイツ市場を荒さぬし、一方、クルップはイギリスに売りこみをやらない、といったぐあいである。ところが、アメリカは、この協定に参加していなかったので、ひじょうに安くニッケル鋼板を手に入れることができたのだそうだ」。ブレンターノ教授は、結論として、こういう不合理をなくすには、各国が国営の兵器工場で兵器をつくればいい、と書いているのであるが、はたして、それは解決策になるだろうか。政府と「死の商人」とが、あるいは、国家権力と独占資本とが密接に結びついているかぎり、いくら国営や国有にしても、不合理は解決できないだろう。それから間もなく起った「コルンワルツァー事件」は、このことを裏書きしているようである。

コルンワルツァー事件

一九一三年四月一八日、当時ドイツ社会民主党所属の国会議員だったカール・リープクネヒト（共産主義者。一九一九年、ローザ・ルクセンブルクとともに暗殺された）は、ドイツ人民の名において、いわゆる「コルンワルツァー事件」にメスをふるった——

「ここ数週間いらい、クルップはブラントという名前の代理人を使用している。このブラントという男は以前砲兵士官だった男である。ブラントの任務は、諸官庁関係官、陸海軍関係官に接近し、かれらを買収するにあったが、それは、クルップに関係のある秘密文書をひそかに盗み読むためで、とくに政府の軍備計画を探り出し、国防関係工事の設計書を写し取り、競争会社の入札価格を過去、現在にわたって知りつくすことを目的としていた。ブラント氏は、むろん、こういう仕事をやるのを全面的に許可されていたのである」。

ブラントは、こうして蒐集した機密情報を「コルンワルツァー」という変名でクルップに送っていたのである。この事件が「コルンワルツァー事件」と呼ばれたのは、このことにもとづいている。カール・リープクネヒトの暴露は、ついに、事件を明るみにさらけ出し、ブラントは正式に起訴された。一九一三年一〇月二三日―一一月八日、ブラント一味の公判がベルリンでひらかれ、ブラントは贈賄罪で禁固四ヵ月、クルップの支配人エッチウスは贈賄幇助罪で一二〇〇マルクの罰金刑という判決が下された。この判決が不当に軽かったことは、だれの眼にも明らかであったが、にもかかわらず、一連の新聞は、筆をそろえてブラントやクルップを弁護して書いた――「政府は異例なほど高度の生産能力をクルップ

カール・リープクネヒト（1871―1919）

に要求しているが、このようなことは、外国との取引のおかげでのみ維持されているのである」と。クルップは三大新聞、ライニッシュ・ウェストフェーリッシェ・ツァイトゥング紙、テーグリッヘ・ルントシャウ紙、ノイエステ・ナッハリヒテン紙を所有ないし支配していたから、こういうような宣伝活動をすることは、いとも容易だったわけだ。

カール・リープクネヒトが火をつけたクルップのスキャンダルは議会内に大きな波紋を呼びおこし、その結果、一九〇五年いらい二度目の調査委員会が設置され、このような事件にメスをふるうことになった。しかし、政府および与党は、リープクネヒトを委員に加えることにあくまで反対し、ついに、かれを排除してしまった。こうして、委員会はなんら結論をえないまま、第一次大戦を迎えたのであった。

第一次世界大戦は、それ以前のいくつかの戦争にも増して、「死の商人」クルップの面目を躍如たらしめる機会であった。クルップは、きわめて計画的に戦争をそそのかし、そして、祖国ドイツだけではなしに、ドイツの敵国をも充分に武装させた。たとえば、フランスの盟邦であり、当然ドイツの敵国となるはずの帝政ロシアにたいして、砲兵工廠の建設、バルチック艦隊の再建などの便宜をあたえたのは、他ならぬクルップであった。このような「死の商人」としてのクルップの活動は、つぎのような数字が雄弁に語っている。

大戦に先立つこと二年前の一九一二年、クルップ工場の支配人アルフレート・フーゲンベルク（後にヒトラーに資金を提供、ナチスの政権獲得を支援し、ヒトラー政権の閣僚になる）は、つぎのようなステートメントを発表した——

一八八七年にアルフレート・クルップが死ぬまで、エッセンでは二万四五七六門の大砲が生産されたが、このうち国内に止《とど》まったのは一万六六六門にすぎず、残りの一万三九一〇門は輸出された。

一九一一年末までには、大砲の生産高は五万三〇〇〇門に増大したが、ドイツに止ったものの割合は依然として小さくなった。すなわち、国内に止ったのは二万六〇〇〇門で、過半数二万七〇〇〇門は五二ヵ国に輸出されたのである。しかも、これらの国々のうちの多くは、後になって、第一次世界大戦の戦場で、ドイツの敵国となって相まみえるはずの国々であった」。

こうして、一九一四―一八年の大戦では、普墺戦争のさいのケーニヒグレーツの戦場における挿話が、幾百倍もの規模でくりかえされたのである。この章のはじめのほうに引用したフランダースの戦場におけるクルップ信管を装置した手榴弾の挿話は、数多い同種の挿話のなかのほんの一例にすぎない。

ヒトラーのパトロン

ところで、われわれにとって興味のあることは、「死の商人」は、たとえ、かれの「祖国」が戦争で敗れても、けっして、たじろがないということである。第一次世界大戦後、第二次世界大戦にかけての時期におけるクルップの歴史は、このことを証拠立ててあまりがある。

第一次世界大戦の結果、ドイツ帝国主義は敗北した。ドイツはヴェルサイユ条約を受け入れねばならなかった。ヴェルサイユ条約は、何よりもまず、ドイツ艦隊の全艦艇、兵器の大部分、兵器製造設備の連合国への移譲を規定していた。その結果、クルップはエッセンの工場のみで九三〇〇台の機械、八〇〇組の特殊工具を破棄したといわれている。アルフレートの後継者グスタフ・クルップ自身も、一度は戦犯として裁判にかけられるはずだった。それでは、クルップは、このために永久に立ちあがれなくなったであろうか。

ある資料によると、若干のドイツの兵器製造業者たちは、ひそかに機械類をオランダにおくって、そこの倉庫にかくし、「風の吹きまわし」が変るまで待っていたという。そして、一九三三年になって、ヒトラーが政権をにぎったとき、この機械類は、ふたたび故郷の土を踏んだといわれている。クルップの資本も、「風の吹きまわし」が悪いあいだは、国外に「亡命」していた。たとえば、クルップはスウェーデンにある巨大な兵器工場ボフォールス兵器ドック会社の株の大半を手に入れ、ここで自分の特許権を使わせて仕事をやっていた。この会社には、フランスの兵器トラストとして有名なシュナイダー・クルーゾーもたくさんの株をもって参加していた。そこで、アルフレッド・ノーベルの後輩たちが、年々、「ノーベル平和賞」を贈与していた同じ国で、かつての「仇敵」、ドイツとフランスの「死の商人」が仲よく大砲、砲弾、手榴弾などをせっせと造っていたわけである。クルップは、オランダでも「ダミー」造船会社をつくり、潜水艦を建造して、日本やトルコに売った。

クルップが、ふたたび隆盛を取りもどしたのは、ヒトラーが政権をにぎってからだが、そのまえでさえ、ドイツの軍需工業は窒息していたわけではなかった。現に、クルップ商会自身が後日証言しているように、クルップはいつでも再軍備に応じられるように準備をしていたのである。一九三〇年度の国際連盟の統計が示しているところによると、一九二九年には、日本、中国、フランス、スペイン、ベルギーなどの一三ヵ国が兵器、弾薬をドイツから買っている。その金額は合計七五一万ドルあまりであるが、この数字はドイツの輸出額の倍以上で、一見、辻つまが合わない。しかし、これは、けっして、偶然的な食いちがいではないのである。この年、ドイツは中国に二〇〇〇万マルクの武器を売り、翌年には四〇〇〇万マルク、翌々年には八〇〇〇万マルクを売りこんでいる。このような事情は、ヴェルサイユ条約にもかかわらず、ドイツがふたたび軍需品の生産国、また輸出国として復活しつつあったことを示している。

今日、ひろく知られているように、ヒトラーの政権獲得の背後には、ティッセンやIGファルベンをはじめとするドイツ独占資本があった。たとえばルールの鋼鉄トラストとして世界的に有名なティッセンは、一九三〇―三三年のあいだ、ヒトラーに三〇〇万マルクの膨大な政治資金をみついでいた。

一九三三年、ヒトラーが政権をにぎるやいなや、ティッセンやクルップにとって黄金時代が到来した。ヒトラーがつくった最初の予算には八億マルクの使途不明の予備金があったが、その大半は軍備にそそがれた。ドイツの軍需生産は、猛烈なテンポで拡充され始めた。クルップは、ふたたび、大砲を大量につくり始めた。一九三三年九月―一九三四年八月の一年間に、クルップは工場の拡充に五〇〇〇万マルクの資金をつぎこんだが、クルップの利益はヒトラー政権の三年間で二倍になった。このことからも、クルップにとって、「ヒトラー景気」がどんなものだったか分ろう。一九三三年二月二〇日、グスタフ・クルップは、ナチスの領袖で当時国会議長であったヘルマン・ゲーリングの招きに応じ、二五名の実業界首脳とともにはじめてヒトラーに会った。この席で、グスタフはヒトラー政権を支持し、革新政治、強力な全体主義国家を要望した。実業家たちは政治献金を約束した。その二日後、グスタフはつぎのような手紙をヒトラーにおくっている――「こんどの政治情勢の転換は、私自身および私の重役たちの要求と完全に一致するものである」。

ヒトラーの政権掌握後、ナチス政府は、クルップに軍需生産の再開を要求してきたが、その要請にこたえるのには一時間もかからなかった。グスタフは、「ヒトラーが政権をにぎった後、私は、クルップ商会は短い準備期間さえあれば、ドイツの再軍備を始める用意があると総統に報告できることを満足に思っていた」とみずからのべている。一九三三年以来、クルップは、攻城砲、戦車砲、臼砲、重戦車、戦艦、空母、巡洋艦、潜水艦等を生産しつづけた。

ヒトラーも、クルップに報いるにやぶさかではなかった。一九三三年のおわりに、グスタフ・クルップは「ドイツ工業会議」議長となり、翌一九三四年には、「ドイツ中央経済会議」議長となった。グスタフの息子アルフリート・クルップ・フォン・ボーレン・ウント・ハルバッハも、「国防経済総帥」(戦時経済の最高指導者)、「ライヒ鉄鋼連盟」副議長、軍備委員会委員、空軍規格局長官になった。いな、ヒトラー政府は、一九四三年一一月、特別の法令（「クルップ法」）さえ発布して、クルップ・コンツェルンを永久に「クルップ一家の家業」として公認したのであった。

ヒトラーの屍をこえて

だが、ナチス・ドイツの侵略戦争はみじめな敗北に終った。

ヒトラーは自決し、ゲーリング、ヘス、リッベントロップ以下二三名の主要戦犯はニュルンベルクの国際軍事法廷で裁判に付され一九四六年一〇月一日、判決をうけた。七六歳の老グスタフ・クルップもこの主要戦犯の一人であったが、彼は精神的、肉体的に裁判に堪えられないことが明白だったので、「ヨーロッパの平和をおびやかすことに専念した、もっとも邪悪な権力の焦点、象徴、かつ受益者である」（同法廷起訴状）クルップ家とクルップ商会の首脳にたいする裁判は保留になった。

一九四七年一一月になって、アメリカは単独でクルップにたいする国際軍事裁判を開始した。起訴されたのは、老グスタフのかわりとして、その後継者アルフリート・クルップ以下一二名の幹部。訴因は、(1)ナチスとともに侵略戦争に加わった「平和にたいする罪」、(2)「戦争犯罪および人間性にたいする罪」、(3)「占領地にたいする掠奪、搾取、横領等の罪」、(4)「奴隷労働、監禁、虐待等の罪」、(5)以上にかんする「共同謀議の罪」であった。

だが、かつて、ナチス・ドイツの陸海軍法務府法務官であったオットー・クランツビューラーのようなファッショ的傾向の弁護人をもふくむクルップの弁護士団は、証人たち、いな、検事にさえ、恥知らずな圧力を加えたのである。クランツビューラーは、裁判官の忌避と新法廷の任命をまで要求するほどの図々しさを見せた。一人のファシスト的傾向の弁護人は、「この告発は、まるでツルハシで摩天楼を掘りくずすようにばかげたことだ」とうそぶいたが、このことばは、法廷が軍需独占資本を裁くうえに無能力なことを冷笑したものであろうか。弁護士団は、ドイツの軍備はポーランドからの「圧迫」からドイツを防衛し、危機一髪だった「共産主義者の暴動」にそなえるためであった、と臆面もなく主張したのであった。

このような議論は、まったく筋の通らぬものであったが、それでも裁判官は動かされた。「平和にたいする罪」、「平和を脅かすための共同謀議に加わった罪」の二訴因は却下された。この処置にたいしては、アメリカの主席検事、ニュー・ディール派のテルフォード・テイラー准将も、大いに失望した、とのべている。

裁判は一年近くもつづき、やがて判決がくだされた。アルフリート・クルップは禁固一二年、全財産没収、その他一一名も禁固刑になった。こうして、アルフリートらが服役してからしばらくたった一九五〇年一月一六日、老グスタフはオーストリアのザルツブルグの別荘で死んだ。

このころには、大砲王国クルップもさまざまな大打撃をうけていた。クルップ・コンビナートは、大戦中の空襲で生産能力の三分の一を失っていたが、残りのうちの三分の二はソ連やイギリスの「設備撤去」によって持ち去られたり破壊されたりした。つづいて、「経済力集中排除法」によって、クルップ・コンツェルンはバラバラにされた。

だが、このころには、もう「冷戦」が始まっていた。一九四八年には米ソはベルリン封鎖事件をめぐって激突し、一九五〇年には朝鮮戦争がおこった。風向きは変ってきていた。

一九四九年に在独米高等弁務官に就任した大銀行家・弁護士ジョン・J・マックロイは、一九五一年一月末、クルップの被告全員に恩赦を与え、財産没収を取り消した。アメリカ独占資本の代表がドイツの仲間を救済したのである。クルップの復活が始まった。

すでに、一九四五年五月、ドイツ降伏直後、クルップの総支配人E・ホウドレモントはアメリカ人記者に向かって「われわれは、たぶん、アメリカからの借款を必要とするだろう。だが、世界はクルップの復活の早さを見て、びっくりするだろう」といっていたが、彼の自信たっぷりな予言は当った。

アルフリートは新しい総支配人にベルトールト・バイツを迎えクルップの再建に乗り出した。アルフリートは、自分一個人としてはもう大砲はつくりたくないといい、バイツも「もしも第三次大戦が起り、それが終ったとき、戦犯として裁かれるのは電子兵器製造業者やロケット製造業者であってわれわれではない」といって、クルップは、もう「死の商人」たることを辞任するのだとちかった。

たしかに、再建されたクルップ王国は「平和的」になったように見える。クルップの新しい活動分野は、低開発諸国の経済開発、工業化に求められた。インドのルールケラ製鋼所、

クルップ5世。アルフリート・クルップ・フォン・ボーレン（1907―1967）

エジプトのアスワン・ハイ・ダムはそのもっとも著名な例であるが、クルップはその他、アジア、アフリカ諸国の経済開発に大わらわになって乗り出した。クルップは、また、一九五七年以来、東欧諸国へのプラント輸出にも力を入れはじめた。フルシチョフやミコヤンは、クルップの仕事を高く評価した。クルップは、また、カナダの親ソ的な鉄鋼王サイラス・イートンと組んで、セント・ローレンス河口に鉄鋼コンビナートをつくったりもした。一九五九年ごろまでに、戦後二〇〇〇人に減った労働者数は八万九〇〇〇人にふえ、総売上げ高は約一〇億ドル、傘下の会社数は一〇〇余社に及んだ。

百数十年にわたったクルップ・コンツェルンの歴史は、五代にわたる「大砲の王者」とドイツ帝国主義の政治的・軍事的指導者——ビスマルク、ウィルヘルム二世、ヒトラー——との密接な同盟関係の歴史であり、侵略主義の歴史である。しかも、ビスマルク、ウィルヘルム二世、ヒトラーはすでに亡いが、クルップは、いまもなお、不死身である。

クルップ家の五代目アルフリートは、「軍需生産はもうからない」といい、「戦争には、いつも、負ける危険がある」といって、アデナウアー政権下の西ドイツの再軍備、新たな軍需生産再開には協力しなかった。だから、ドイツの「死の商人」の復活過程を分析したソ連の「新時代」誌の特集もIGファルベンやフリードリッヒ・フリックなどにはふれているが、クルップにはふれていない。

『クルップ家の奇蹟』の著者ノルベルト・ムーレン（Norbert Muhlen: “The Incredible Krupps — the rise, fall, and comeback of Germany's industrial family”）は、クルップ家の家憲は元来「非政治的」であって、兵器をつくったのはただ大きな利益が約束されたからにすぎなかった、と書いている。だが、クルップは利潤第一の独占資本であったからこそ、その当然の結果として軍需生産に従事したのではなかったか。クルップがすっかり「改心」して、完全に「死の商人」たることをやめてしまったという保証はない。現に、近来、クルップはアフリカやアジアに大いに進出しているが、アフリカやアジアの民衆は、それを「新植民地主義」として糾弾している。そして、帝国主義と新旧植民地主義とは元来不可分なものである。

クルップに乾杯！　クルップ5世をたたえるフルシチョフ。スイス紙に出た漫画

Ⅳ　ＩＧファルベン――「死なない章魚《たこ》」

ＩＧファルベン、およびＩＧファルベンがもっともダイナミックな標本を提供しているような国際カルテルの慣行は、現在もなお、存在している。世界は、まだ、第二次世界大戦の死者の数を数え切っていないのに、それは、もう世界平和にたいする脅威になっている……

――アメリカの上院議員（フロリダ州選出）
クロード・ペッパー、一九五二年

一九四八年七月二八日

一九四八年七月二八日、午後三時四二分というから、ちょうど、真夏の太陽がやや猛威を減じ始めた時刻のことである。西南ドイツのフランス軍占領地域にあるルードウィッヒスハーフェン市のＩＧファルベンの巨大な工場は突然おこった大爆発でつぎつぎに誘爆し、たちまち灰燼に帰した。この巨大な化学工場は一八の建物から成り、敷地は実に八マイル平方にも及ぶという膨大なもので、二万二〇〇〇人の男女労働者がここで働いていた。この巨大な工場があくる朝までに完全に壊滅したばかりでなく、ライン河をへだてた対岸のアメリカ軍占領地域にあるマンハイム市にまで災厄が及び、河をこえて飛んできた煉瓦やガラスの破片で負傷者を出したほどだったといえば、この爆発と大火災がどんなに物凄いものだったかは容易に想像できる。二万二〇〇〇人の労働者のうち死者一八〇人、行方不明者七〇人、負傷者二五〇〇人、合計二七五〇人というおびただしい犠牲者が出た。

目撃者の話によると、最初爆発したのは六階建の漆工場で、一瞬にして、この建物は木端みじんとなり、たくさんの不運な労働者たちが空高く吹き飛ばされたという。爆発と同時に、敏速なアメリカ兵二〇〇名がマンハイムから河を渡って駆けつけ、ブルドーザーやクレーンまで持ち出して、能率的な破壊消防作業に従事したのに、意外に火の手が早く廻ったのは、窒素肥料、釉薬、染料その他の揮発性物質が充満している物騒な場所だったためで、実は文字どおり手の施しようもなかったのだ。有毒ガスと焔に包まれて、命からがら逃げまどう労働者たち、工場の門に張り出される死傷者名簿を食い入るように見つめる家族たちの群――当時の悲惨な光景は、いちはやくニュース・カメラにとらえられ全世界に伝わった。

では、いったい、爆発はなぜおこったのであろうか。こんな爆発事件や怪火事件には、えてして、推理小説まがいのうがった噂話が付きものである。この爆発事件のときも例外ではなかった。「爆発の原因は」――とたちまち見たような噂が飛んだ――「フランス軍がV1号、V2号ロケット用の爆薬を数ヵ月前からこっそり作っていたのだが、それに引火したのだ」。占領軍は西ドイツを軍事基地化しつつある、という宣伝をさかんにやっていた共産党系の新聞が、この噂を見のがすはずはない。たちまち、翌朝の東ドイツのノイエス・ドイッチュラント紙は「IGファルベンの工場は軍需品をこしらえていた」と大見出しを掲げるし、ベルリンの共産党機関紙テーグリッヘ・ルントシャウ紙も筆をそろえて「IGファルベンの主要な基軸であったルードウィッヒスハーフェン工場は、フランスの監督のもとでロケット砲用爆薬を製造していた」と書き立てるしまつであった。プラウダ紙特派員L・ゼリンスキーは、「ルードウィッヒスハーフェンの爆発事件は一個の危険信号だ。それはIGファルベンの破壊的活動が過去のものとならず、この兵器廠がここ西ドイツで復活しつつあることを示唆している」と報道した。

むろん、ルードウィッヒスハーフェンの工場は、公式にはそんな物騒なものを作っていなかったはずで、工業用薬品、医療用薬品、染料などを製造しているだけとされていた。だが、あまりデマが飛びかうので当局はさっそく調査団を組織し真相の調査に乗り出した。だが、この調査団も、「ようやく破壊された現場の中心に近づくことができた」程度で、その報告によると、爆発の原因は、誰かが工業用薬品であるエチール塩化物に手をふれたためらしい、ということであった。取材にかけつけた記者たちの質問をあびた労働者は、「じぶんは何をつくっているのかすこしも知らない」と口をそろえて質問をそらすだけであった。こうして、この大爆発事件の原因は、分ったような分らぬようなままになってしまったのである。

IGファルベンの戦争犯罪

運命の女神のいたずらというのは、こういうことを指していうのであろうか。爆発事件がおこった七月二八日、しかも時刻までほとんど同じなのだから、まったく不思議なめぐりあわせというのほかはない。ナチスのA級戦犯を断罪していらい世界的に有名になったニュルンベルクの軍事法廷第六号で、IGファルベンの最高指導者一三名にたいする判決がくだった。この一三名のなかには、取締役会長ヘルマン・シュミッツ、監査役カール・クラウヒ、販売部長で「IGファルベンの外交官」の異名をもちヒトラーに四〇万マルクの献金を申し出たゲオルグ・フォン・シュニッツラー、国防軍当局との渉外関係責任者マックス・イルグナー、国防軍に毒ガス（タブン）の使用を勧告したフリッツ・テルメールなどが含まれていた。

ところで、一年もかかったこの裁判の結果はどうだったか。判決は、最高八年、最低一八ヵ月の禁固刑。予想されたよりも、はるかに軽かったことはいうまでもない。さらに三日後の七月三一日、残りの一一名にたいする判決がくだされた。全員無罪。無罪の理由は、この一一名は「侵略戦争の準備および遂行にあずかった証拠がなく」、「かれらの参加は随伴者としてであって、指導者としてではなかった」からであった。

だが、IGファルベンは、ナチスの侵略戦争の単なる「随伴者」でしかなかったのであろうか。IGファルベンは「死の商人」として、ヒトラーやゲーリング、ゲッベルスのともがらを鼓舞し使嗾《しそう》し、侵略戦争の準備と遂行にあずかり、あまたの「人道にたいする罪」をさえ犯し、そこから膨大な利潤をひき出したのではなかったろうか。

現に、この裁判の主席検事テルフォード・テイラー准将は、その二万語にのぼる起訴状のなかでIGファルベンの「戦争犯罪」をつぎのように指摘しているのである――

「ヒトラーとIGファルベンとは、すでに一九三二年、密接な協力の基礎を見出していた。ヒトラーは、IGファルベンから潤沢な資金の援助を受けて政権についた……約五〇〇にのぼるIGファルベンの海外出張所は、全世界にまたがったナチスの陰謀の中核を形成した……かれらは、表面は、さも実業家らしく活動していたが、実は、侵略戦争の準備と遂行に欠くことのできない宣伝とスパイ活動とをやっていたのである……」。

「IGファルベンは、一二万五〇〇〇人の強制労働者とコンツラーガーの収容者にたいして、毒ガス、血清その他類似の製品の実験をこころみた。IGファルベンは、オスヴィエチウム所在の合成ゴム工場に強制労働力を供給する目的で、ここにコンツラーガーを一つ建設したが、そのさい酷使された男女の子供は、一日一〇〇人の割合で衰弱のために死亡した」。

「IGファルベンは、ヒトラーの国防軍にたいして、国防軍が必要とする爆薬の八四％、火薬の七〇％、自動車交通に必要な合成ゴムのほとんど一〇〇％を供給した。それにともない、ドイツ政府の国庫からのIGファルベンにたいする支払額は年額一〇億ドルに達し、IGファルベンが獲得した利潤は、一〇年間に八倍になった。一方、IGファルベンは、国際カルテル協定を利用し、ナチスが潜在的敵国と見なした諸外国における戦略的軍需物資の生産を遅滞させようとした」。

「IGファルベンは、オーストリア、チェコスロヴァキア、フランスおよびソヴェトの化学工場を掠奪した……」。

こんにち、これらのことはほぼ事実であるとみなされている。だから、リチャード・サシュリーがいうように「IGファルベンこそ、最も真実の意味において、第二次世界大戦を計画し、戦争準備に指導的役割を演じた」ということになるだろう。だが、裁判の結果は、前に書いたとおりであった。

もともと、この軍事裁判は「社会主義のイギリスと共産主義のロシアがまだ手を出さないでいるうちに、資本主義のアメリカが実業家の裁判に先鞭をつけつつあるもの」（ニューヨーク・タイムズ紙特派員ダナ・アダムズ・シュミット）として、その意義を喧伝されたものであっただけに、判決の結果は、いささか意外であり、泰山鳴動して鼠一匹ではないか、という印象をいだいたものも少なくなかったようである。その結果、この判決をめぐって、もっともらしいデマや、うがった解釈が生れたのも、ふしぎとはいえまい。

たとえば、「社会主義のイギリスの声」はいった――「この裁判は、アメリカの大資本家がドイツの大化学工業を破砕しようとする目的から出たものである」（ニューズ・レヴュウ誌、一九四八年一〇月一六日号）。また、「共産主義のロシアの声」はこうきめつけた――「あれは、アメリカの資本家がドイツの資本家を裁いているのだ、あの法廷の警備兵は、アメリカのMPの訓練をうけた、かつてのナチスの特別警備兵ではないか」（プラウダ紙）。

それはともかくとして、ルードウィッヒスハーフェンの爆発事件とIGファルベン指導者の裁判とのあいだには、何かのつながりがないとはいいきれまい。これは二〇世紀後半の「世界の謎」の一つである。そこで、われわれは、この「謎」を解くために、IGファルベンの歴史をふりかえることにしよう。

アニリン染料のなかから

ドイツの化学工業といえば、われわれは、すぐ、アグファのフィルム、バイエルのアスピリン、さらにプロントジール（こんにちのサルファ剤の先駆）を思い浮べる。これらの世界的に有名な薬品、化学品は、いずれも、巨大な化学トラストIGファルベンの関係会社の実験室で発明され、その工場で生産されたものばかりである。

第二次世界大戦後、連合国の調査で明らかにされたところによると、IGファルベンの資産は最低六〇億マルク以上といわれ、三八〇社の他のドイツの会社を支配し、世界各国にちらばったIGファルベン系の工場は実に五〇〇に及んでいたという。IGファルベンは、文字どおり、ドイツ化学工業の王者だった。染料、窒素、無機化学薬品、人絹、爆発物、合成ゴム、化学薬品と名のつくほどのものは、ほとんど全部がIGファルベンの手で生産され販売されていた。ドイツ国内にある六〇〇の大中小の工場には一二五万人の労働者が働いていた。IGファルベンは、化学工業だけでなく、その原料である石炭、マグネサイト、石膏、岩塩などの鉱山を所有し、コークス炉をそなえ、鉄鋼業にも巨額の資本を投下していた。

ところで、IGファルベンの歴史だが、IGファルベン（「利益共同体染料株式会社」）の名の示すとおり、この会社は、第一次世界大戦後、技術的、金融的必要から、六つの大化学工業会社が合併して設立されたものである。一九二五年一二月二日、合併してIGファルベンをつくった六つの化学工業会社とはつぎのものである――

(1)　バーデン・アニリン・ソーダ製造株式会社（ルードウィッヒスハーフェン）――一八六一年設立

(2)　フリードリッヒ・バイエル染料株式会社（レーヴァークーセン）――一八六三年設立

(3)　マイスター・ルチウス・ウント・ブリューニング染料株式会社（ヘヒスト）――一八六三年設立

(4)　アニリン製造株式会社（略称アグファ）（ベルリン）――一八六七年設立

(5)　グリースハイム・エレクトロン化学工業株式会社（フランクフルト・アム・マイン）――一八九八年設立

(6)　ワイラー・テル・メール化学工業株式会社（ユールディンゲン）――一八七七年設立

このうちバーデン・アニリン、バイエル、アグファの三社は、すでに一九〇四年に利益共同契約を結んでいたし、他の三社およびカッセラ、カレ両社の合計五会社は、一九一六年になって、この利益共同契約に参加した。この八社は、ドイツ化学工業を独占していた大化学工業会社ばかりであり、したがって、一九二五年IGファルベンが設立される以前、すでに、その実体は形成されていたのである。

ところで、以上六社のリストを注意深く見たひとは、すぐ気づくことであるが、これらの会社は、いずれも一八六〇―七〇年代にかけて創設された歴史の古い会社ばかりであり、しかも、その大部分は人造染料（アニリン）の生産を基礎に発展したものばかりである。一八九七年、バーデン・アニリン・ソーダが合成インディゴの販売を開始し、天然インディゴに挑戦したとき、ドイツ化学工業の、したがって、また、IGファルベンの洋々たる将来が開けたといっても過言ではない。人造インディゴの出現は、わずか三年間で、数百年の歴史と年産九〇〇〇万キロの生産高とを誇る天然インディゴの王座をゆるがし、つづく一二年間の追討ちで完全に支配権を奪った。

後年IGファルベンに結集されたドイツ化学工業独占資本の活躍は、実に、このときに始まる。だが、このとき以来、独占資本の反人民的性格――これは、やがて、「死の商人」の性格として露骨に鋳直されるのであるが――もはっきり眼に見えてきた。たとえば、化学薬品の分野で、ドイツ化学工業独占体が演じた役割について、IGファルベンの真摯な研究者リチャード・サシュリーは、こう書いている――「この分野（化学薬品の）こそ、カルテルの営業方針が人民の利益と対立するものであることを、もっともよく示す場所であった」。

映画「エーリッヒ博士」でわれわれにおなじみの有名な化学者パウル・エーリッヒがサルヴァルサンを発見したとき、バイエルはその生産、販売を完全に独占し、ひじょうに高い価格をつけた。第一次世界大戦がおこったとき、バイエルは、サルヴァルサンの輸出をとめた。クロロホルムやエーテルなどの麻酔薬についてもおなじであった。つまり、バイエルはエーリッヒの人道主義的立場にはおかまいなしに、これらの薬品を利潤のため、戦争遂行の目的のために使用したのである。

第一次世界大戦後、当時、熱帯アフリカで流行していた嗜眠性脳炎の特効薬が完成された。イギリス政府は、のどから手が出るほどこの薬品を欲しがっていた。ところが、バイエルは、この特効薬の製造の特許をイギリスにあたえるかわりに、旧ドイツ領アフリカ植民地を返還するよう、ワイマール政府をつついて、イギリス政府と交渉させたのである。もっとも、この抜け目のない謀計は、他の国でこの製法が発見されたため、ついに失敗の憂き目を見てしまった。

おなじようなことは、スルファミン剤についても見られる。ドイツ化学工業がスルファミン剤を完成したのは、サシュリーによれば、一九〇八年のことだったが、その製造と販売は実に三〇年も遅らされた。それは、IGファルベンにとって、「もっとももうかる時期」がなかなかやってこなかったからである。「IGファルベンは、全人類からこの偉大な救世主（スルファミン剤）を隔離していた、というのは、膨大な利潤や特許料をひき出す機会がなかったからである……だが、IGファルベンの必死の努力にもかかわらず、スルファミン剤は、ついに、一九三六年には、全人類の財産となった」（サシュリー）。このように、巨大な化学工業独占資本IGファルベンは、何よりもまず、利潤を第一義に考えたのである。そして、この考え方にしたがえば、戦争こそ、最大の利潤をもたらすべき絶好のチャンスであるはずであった。

たとえば、第一次世界大戦は、ドイツの化学工業独占体にとって、絶好の致富の機会であった。第一次世界大戦中、ドイツ軍が使った全爆発物は、ほとんどこれらの独占体によって供給された。この巨大なトラストがなかったら、ドイツ軍はただの一回の戦争をもなしえなかったであろうといわれている。そればかりでなく、資本家たちは、口をきわめて「化学戦」の重要性を軍部に鼓吹した。こうして、残忍な新兵器——毒ガス——が戦場にあらわれ、連合軍の兵士を殺した。

第一次世界大戦でドイツ軍国主義が敗北し、ヴェルサイユ条約が締結され、ルールの軍事占領が断行されても、これらの化学工業独占体はビクともしなかった。インフレーションは、労働階級の犠牲において、彼等を一層富ませ、負債を減殺する役に立っただけであった。こうして、一九二五年一二月、巨大な化学工業独占体として確立されたIGファルベンは、再建途上のドイツ帝国主義の背骨となっておこった。一九三〇年までに、ドイツ化学工業に投下された資本の三分の一はIGファルベンの本社の支配下にあり、もしも資本をつうじて支配する子会社を計算に入れれば、実に三分の二以上がその支配下に立っていたのである。

ハーケン・クロイツとともに

IGファルベンは、政治の分野では、反動勢力の再建強化をもたらす大きな推進力となった。IGファルベンは、あらゆる右翼政党と関係をつけ、巨額の政治活動資金をばらまき、選挙にさいしては投票を買収した。すでに一九三一年から一九三二年にかけて、眼さきのきくIGファルベンの重役たちはナチスへの献金を始めている。ヒトラーの道こそが戦争につうじ、したがって、ぼろい戦時利得を約束するものであることを、IGファルベンは「死の商人」の第六感で感じとっていたのである。一九三二―四四年のあいだに、IGファルベンは合計四〇〇〇万マルクをヒトラーにみついだ。ヒトラーを政権につかせ、ドイツの独占体が大規模な戦争準備に突進できるようにするために、ドイツの産業資本家、金融業者たちをヒトラーと結びつける橋わたしをした立役者こそ、実に、IGファルベンであった。

ナチス・ドイツの戦争準備の過程で、IGファルベンが大きな役割を演じたことはいうまでもない。人造石油、合成アンモニア、合成ゴム――この三つの重要な戦略物資は、実に、IGファルベンがヒトラーのために供給したものであった。石油とアンモニアとゴムは、第一次世界大戦当時、カイゼルがその欠如ないし不足を慨歎した物資であり、これを充足することは、ヒトラーの第一の関心事だった。この三つの戦略物資が完全に自給できることが分ったとき、ヒトラーは、侵略戦争の洋々たる前途を夢想したのである。「ブーナ(合成ゴム)Sのタイヤあるいは無限軌道を足とし、合成ガソリンで疾走する装甲車両が完成されたとき、ドイツ軍参謀本部は再軍備が最終段階に到達したことを知った。いまや、ヒトラーが『進め!』の合図を下しさえすれば、いつでも、戦争をおっぱじめることができた」(サシュリー)。

だが、実際、IGファルベンの爆薬をこめた第一弾が発射される以前、すでに戦争は始まっていた。それは、宣伝戦、スパイ戦、経済戦である。こんどの戦争における最大のスパイ網の組織者は他ならぬＩＧファルベンだったといわれている。戦争直前、ＩＧファルベンの結んだカルテル協定の網の目は、地球全体を蔽《おお》っていた。それで、ＩＧファルベンの世界にまたがる販売網は、そっくりそのままナチスの第五列に利用できるようにされた。この実に九三ヵ国にちらばったＩＧファルベンの代理店は、ナチスの諜報組織としての機能を果したのである。

むろん、ＩＧファルベンの支配下にあった外国の商社は、たくみに、カムフラージュされていた。たとえば、アメリカのジェネラル・アニリン・アンド・フィルム会社がその一例である。第二次世界大戦が勃発したとき、この会社は「中立系」の会社であると宣言した。それに先立って、用心のために、株はＩＧファルベンに属するのではなく、スイスＩＧ化学という正体のはっきりしない会社に属するように移譲されていた。ところが、いうまでもなく、スイスＩＧ化学は、ＩＧファルベンがたくみにカムフラージュした子会社であった。戦争が始まるやいなや、ＩＧファルベンとスイスＩＧ化学との正式の関係は一切断絶したが、アメリカにあるＩＧファルベンの重要な資産——たとえばジェネラル・アニリン・アンド・フィルム——を敵産として接収されぬように措置を講じたのは、このスイスＩＧ化学だった。つまり、本来の紐帯は極秘のうちに維持されていたのである。

ＩＧファルベンは、ジェネラル・アニリン・アンド・フィルム以外にも、特別の機関をつくっていた。ニューヨークに事務所をもつケムニコ会社がそれであった。ケムニコの目的は、軍事的に重要な技術上のデータをひそかに盗みとることにあった。ケムニコの株式の大半はアメリカ人の所有にかかり、役員の大部分もやはりアメリカ人だった。だが、実際は、このケムニコこそ、ナチス・ドイツの軍事諜報機関そのものだったのである。ナチスのスパイたちは、そのかげにかくれて、悠々とニューヨークに住み、そしらぬ顔でスパイ活動をつづけていたのだ。

このように、IGファルベンの在外機関はナチス党の在外組織と密接な関係を保っていたのであるが、数千万マルクにのぼるその維持費はIGファルベンの金庫から出た。また、海外におけるナチスの宣伝活動の費用、新聞、ジャーナリスト、政治家などの買収費も、やはりIGファルベンが賄ったといわれている。

このように、IGファルベンは、戦争のために巨額の「投資」をしたわけであるが、この「投資」はひきあったであろうか。もちろんである。投下された「資本」は数百倍になって返ってきた。サシュリーは、つぎのように書いている――

「ヒトラーが政権にあった最初の一〇年間、つまり一九三三年から一九四三年のあいだに、IGファルベンは新工場の建設、旧工場の拡張に四〇億マルク以上を投資することができた。この資金の大部分は、ナチス政府からあたえられたものである……IGファルベンは、始めから終りまで金儲けに終始した。恐慌の最悪状態のときでさえ、IGファルベンは利益をあげていた。だが、一九三二年いらいというものは、それこそ大当りだった。毎年毎年、収入も利潤も新記録につぐ新記録をつくった。一九四三年の総利益金は一九三二年のそれの一六倍に達した。一九二〇年代にIGファルベンが組織されたとき、それは、すでに巨大な企業だったが、一九四三年の総利益金八億二二〇〇万マルクという数字は一九二五年当時の総資本金よりも多いのだ」。

当時、IGファルベンは、全ドイツに六〇〇をこえる工場をもち、二五万名の労働者を使用していた。IGファルベンはヒトラーの国防軍にたいして、爆薬必要量の八四%、火薬の七〇%、合成ゴムのほとんど全部を供給し、国庫から年額一〇億ドルの支払いをうけていた。

ヒトラーの侵略戦争の最中、IGファルベンがとほうもない「戦時利得」にあやかったことはいうまでもなかった。IGファルベンは、ドイツ軍占領地域の工場施設をつぎつぎに略取したのである。まず、オーストリアでは、一流の化学工場プルフェルファブリーク・スコダ・ウエルケ・ウェッツラー、その他多数の工場を接収し、これらを併合して「ドナウ化学工業」という子会社に仕立てた。ミュンヘン協定締結の一週間前、IGファルベンの会長ヘルマン・シュミッツは、ナチス政府と協定を結び、チェコの最重要染料工場をIGファルベンが支配する権利を獲得している。ドイツ軍がズデーテンに侵略した一週間後には、IGファルベンの社員は、いちはやく、チェコの染料工場を管理していた。シュミッツは、この「掠奪」の謝礼として、ミュンヘン協定締結のさい、五〇万マルクをヒトラーに送っている。また、ワルシャワ陥落後二日目、ナチス政府の経済相は、IGファルベン代表がポーランドの三大染料会社ボルタ、ウォラ、ウィニカを支配する権限を保証している。フランスでは、フランス最大の化学コンツェルンであるクールマン（このコンツェルンは長いあいだIGファルベンの国際化学カルテルのパートナーだった）が自発的に「新しい主人」に隷従することになったが、まもなく、全フランスの化学工業企業は「フランコロール」という新企業体に統合され、その株式の五一％をＩＧファルベンがにぎった。ＩＧファルベンは、このフランスの仲間、クールマンの社長フロッサールをこの新しい会社の取締役会長にした。同時に、ＩＧファルベンは、このフランスの化学工業トラストが外国に所有していた権益、特許権などを全部自分のものにしてしまった。このような実例は、ナチス・ドイツが占領した地域では、ほとんど、どこでも見られた。

だが、このような掠奪行為とともに忘れてならないのは、ＩＧファルベンが恥知らずにもおこなった「人道にたいする罪」である。ＩＧファルベンの工場では、俘虜はもちろんのこと、占領地域から強制的に連れてこられた非戦闘員が強制労働をさせられた。ＩＧファルベンの実験所では、コンツラーガーの囚人たちが、新発明の毒物の実験台としてモルモットのかわりに使用された。このようなＩＧファルベンの「人道にたいする罪」は、前にもちょっと引用したように、ニュルンベルクの国際軍事法廷で暴露された。その断片によると、「ＩＧファルベンは、一二万五〇〇〇人の強制労役者とコンツラーガー収容者にたいして、毒ガス、血清その他の製品の実験をこころみた。オスヴィエチウムの合成ゴム工場に強制労働を供給する目的でコンツラーガーを増設するさい男女児童を酷使したが、その結果、一日に一〇〇名の衰弱による死亡者を出した……」。こういう例は、むろん、数えきれぬほどあるのである。ＩＧファルベンこそ「もっとも科学的なバーバリズム」の権化であった。

「死なない章魚」の足

ところで、IGファルベンの歴史を述べるにあたつて、どうしても省略できない重要なことがらは、IGファルベンが全世界に張りめぐらした国際カルテル協定の網の目と資本輸出のたづなの手さばきとである。まことに、このことによってのみ、IGファルベンは戦争の勝敗のいかんにかかわらず、つねに「死なない章魚《たこ》」でありえたのである。また、IGファルベンが「死なない章魚」でありえたのは、国際カルテル協定と資本輸出の網の目によって、世界に名だたる「死の商人」たちと深い因縁を結び、複雑な資本の交錯をつくりあげていたからであった。

第一次世界大戦でドイツ帝国主義が敗北してから数年後、ヴェルサイユ条約の存在にもかかわらず、IGファルベンは、もう息を吹きかえしていた。IGファルベンの歴史と現状にかんする研究家リチャード・サシュリーが、アメリカの化学トラスト、デュポン・ド・ヌムール会社のファイルから手に入れた資料によると、IGファルベンは、すでに一九二四年には、ヨーロッパ大陸で、フランス、イタリアを尻目にかけて、無煙火薬製造の王座についていたという。むろん、独、仏、伊の「死の商人」のあいだには、猛烈な競争があった。しかし、彼等は、このドイツの古い仲間が、ふたたび、「死の商人」の国際的なグループにもどってきたことを大いに歓迎したのである。なぜかといえば、サシュリーが指摘するように、「ドイツの軍需生産がヒトラーの指導下に最大限に拡大されるようになれば、そのとき、それは強壮剤となって、各国の兵器製造業者を若がえらせる」からであった。

このような国際的な連携の歴史はかなり古くからある。ＩＧファルベンが再編成された翌年、つまり一九二六年には、ＩＧファルベンは、早くも、イギリスの有名なダイナマイト・トラストであり、かつて、国際ダイナマイト・カルテルの中心であったアルフレッド・ノーベル・ダイナマイト会社と利益共同契約を結び、これに参与した。また、同年、アメリカのデュポン・ド・ヌムール、イギリスのＩＣＩ（イムペリアル・ケミカル・インダストリーズ）と爆発物の世界市場を三分するカルテル協定をむすんだ。一九二七年には、ノルウェーのノルスク・ヒドロ・エレクトリスク窒素会社、アメリカのスタンダード・オイルなどと協定を結んだ。また、アメリカのアンスコ会社とアグファ写真材料会社を合併し、アグファ・アンスコ会社をつくった。一九二八年には、ＩＧファルベンは、外国会社への参加を統一的に支配するため、スイスのバーゼルに国際化学工業会社を設立したが、この会社は、後になってからノルスク・ヒドロ・エレクトリスク窒素、デュラン・ユグナン染料、アメリカＩＧ化学工業を支配した。一九二九年アメリカで設立されたアメリカIG化学工業は、ＩＧファルベンの在米権益を管理するためのもので、アグファ・アンスコ、ジェネラル・アニリンなどを支配するに至った。ＩＧファルベンは、石炭乾溜のパテントにかんして、すでにスタンダード・オイルと密接な関係をもっていたが、アメリカでスタンダード・ＩＧが設立されたのは、そのためであったといわれる。一九三一年、石炭乾溜にかんするパテントの国際的交換および共同利用のために設立された国際乾溜パテント会社、国際乾溜工業化学会社には、スタンダード・オイル（米）、ロイヤル・ダッチ・シェル・オイル（英、蘭）、ICI（英）、IGファルベン（独）などの世界的に有名な巨大独占体が参加している。

アメリカでIGファルベンと浅からぬ縁をもっていたのは、スタンダード・オイル、ドゥ・ケミカル、デュポン、フォード自動車などだが、このうち、スタンダード・オイルおよびフォードとの関係についてつぎに述べよう。

一九二七年から一九二九年にかけて、IGファルベンとスタンダード・オイルとは協定を結んだ。一九二九年にIGファルベンはアメリカIG化学会社をつくったが、当時のスタンダード・オイルの社長ウォルター・ティーグルは、その重役の椅子に坐《すわ》った。他の重役はフォード自動車の社長エゼル・フォード、もう一人はIGファルベンのパウル・ワルブルクであった。さらに、この協定を強力なものにするために、二つの会社がアメリカに設立された――スタンダード・IGおよびジャスコの両社がそれである。このうち、スタンダード・IGは石油にかんするパテントを管理し、ジャスコのほうは化学品のパテントを運用するはずになっていた。

奇怪至極なことに、この両社の協力は、戦争が始まってからあとでも継続された。一九三九年一〇月、スタンダード・オイル・ニュー・ジャージーの代表フランク・ハワードはヨーロッパに渡ったが、それは、オランダでひそかにIGファルベンの代表と会見し、戦時中も両者間の協定を維持できるような手段方法を協議するためであった。会談の結果、両者は一つの協定に達したが、その内容は、ハワード自身のことばをかりれば「アメリカが大戦に参加するか否かにかかわらず、戦時中ずっと有効に運用されるようなもの」であった。

このようなIGファルベンとスタンダード・オイルとの密接な関係は、たとえば、つぎのような事実によって裏書きされている。IGファルベンは、スタンダード・オイル・ニュー・ジャージーにいくつかのパテントを返還したが、この返還されたパテントにかんしても、利益の二〇％はIGファルベンの受取勘定に記入され、IGファルベンは、戦後これを受け取れることになっていた。いいかえると、連合国がドイツ軍にたいして使用する軍需化学製品からあがる利益の二〇％は、戦争中スタンダード・オイルが保管し、戦後IGファルベンが債権を行使しうることになっていたのである。

IGファルベンとスタンダード・オイルとの戦時中の緊密な関係はこれにとどまっていない。スタンダード・オイルは、南アフリカ大陸でイタリア、ドイツの航空路に航空機用ガソリンを供給した。IGファルベンに所属する科学者たちの委員会が一九四四年に重役会に提出した報告書によると、ナチスがIGファルベンとスタンダード・オイルとの協定から得た利益はすくなからぬものがあったという。たとえば、アンチノック剤の製法にかんする技術上の機密、その他の重要な機密は、このルートから手に入れたものだ、と報告書は書いている。その報告書の最後の一節はつぎのとおりである――「ドイツ政府は、IGファルベンにたいして、価額二〇〇〇万ドルの航空機用ガソリンおよび潤滑油を、IGとして、つまりIGの名前で、スタンダード・オイルとの友好関係にもとづいて買うことが可能でないかどうかを訊《ただ》した……われわれは、実際、このこころみに成功したのだが、この事実は、まさに、スタンダード・オイルの援助によってのみもたらされたのである」と。

むろん、このような、いわゆる「利敵行為」は、アメリカの国内で問題にならぬはずはなかった。上院は、後年の大統領、当時の上院議員ハリー・S・トルーマンを委員長とする調査委員会を設置した。トルーマン委員長は、スタンダード・オイルを「告発」しうべき多くの証拠を入手した。だが、その報告は、IGファルベンおよびナチスにたいしてスタンダード・オイルがあたえた「援助」は、「大企業が『ゲームを一番やる』うえにおいて、一度約束したルールに従ったまでのこと」であるというのであった。さらに、この問題をとりあげたウェンデル・バージやサーマン・アーノールドは、これらの事実はスキャンダルではなくて、この人々の「政治的無邪気さ」の結果であり、彼等は「国際情勢にうといために……良いカモにされてしまっただけのこと」という驚くべき結論をくだしたのである。

だが、上院の特別調査委員会の調査資料は、驚くべき事実を含んでいる。それは、フォード、スタンダード・オイル、クライスラー、ベスレヘム・スティール、アルミナム・カンパニー・オブ・アメリカ（アルコア）、デュポンなどのアメリカの巨大独占体とIGファルベンやクルップなどとの取引、カルテル協定、金融上の連携などの密接な関係が存在していたことであった。カーチス・ライト航空機、アナコンダ銅、USカートリッジなどの軍需会社がナチス・ドイツの武装を助けていた事実さえ明らかになった。そして、このような国際カルテル協定の中心にどっかと坐っていた最大の会社こそIGファルベンであった。……ヨーロッパを蔽い、北中南米へと大西洋をこえて伸びていたこのカルテルの連鎖こそ、こんどの戦争の一つの側面を示すものだった。それゆえ、ジョージ・セルデスは、つぎのように処断する――「このような事情は、かつて（第一次世界大戦当時）クルップがヴィッカースの生産した信管一個につき一シリングの歩合を受け取り、また、アメリカがデンマークに輸出した軍需品がイギリス陸軍の黙認のもとにドイツに入ったというささやかな取引にくらべれば、はるかにスキャンダラスな、はるかに犯罪的な、反逆的な事実といわねばならぬ」(George Seldes: "One Thousand Americans", New York, 1947)。

「解体」の茶番劇

ドイツの降伏直後、IGファルベンの重役たちは米軍に逮捕されて尋問をうけた。だが、もうその時でさえ、彼等は、「アメリカやイギリスから商売上の友人たちがやってくれば、こんな調査はすぐ取りやめになるだろう」とふてぶてしく食ってかかっていた。IGファルベンの首脳の一人で戦犯として告訴されたゲオルグ・フォン・シュニッツラーは、米人予審判事と被告である自分との関係が「きわめて自由な、打ちとけたもの」だったと軍事裁判法廷で証言している。IGファルベンの戦犯たちを厚遇せよという圧力は、ドイツ占領当初から、もう連合国管理委員会の中枢にいたアメリカ独占資本の代弁者たちから、さかんにかけられていたのである。これでは、ニュルンベルクにおけるIGファルベン首脳の裁判とその判決が一片の茶番劇に終ったとしても一向ふしぎではなかったろう。

IGファルベンの戦犯たちは、アメリカの大銀行家マックロイが高等弁務官に就任後、アルフリート・クルップに先だってすでに釈放されていた。では、マンモス企業、IGファルベンそれ自体はどうなったであろうか。

ヤルタ協定、ポツダム協定は、ナチス・ドイツの非ナチ化、非軍事化の基本方針にそって、ドイツのカルテルを解体し、経済力の過度の集中を排除することを占領政策の基本方針としてさだめていた。そこで、在独四ヵ国管理理事会も、この方針にしたがって、IGファルベンの解体にかんする特別の法律を発布したのである。

だが、「(IGファルベンの)商売上の友人たち」は、そもそものはじめから、IGファルベンに打撃を与えることを避けていたのであった。

ルードウィッヒスハーフェンの奇怪な大爆発事件のおこったころ、IGファルベン解体作業についてくわしく報道したイギリスのあるニューズ雑誌の記事によると、その実態はつぎのような具合だった("News Review", Oct. 16, 1948)——

「連合軍が意図しているドイツのカルテルおよびトラスト解体にたいして、最近、各種の反対運動がドイツ人実業家によって行われている。ドイツ最大のカルテルIGファルベンの再興計画も極秘のうちに進められている。IGファルベンは、公式には、英米仏ソ四ヵ国の同意により解体されているはずだが、事実は、その工場の大部分は、いまもなお運転されているのである。フランクフルト駐在のアメリカ軍のMPは、IGファルベンの旧役員の会合に数回にわたり手入れを行った。同社の旧首脳部一三名は、いま戦犯裁判にかけられているが、ほかの旧幹部たちは、占領軍の撤退の後にそなえて、ひそかに会社の再建をもくろんでいる。

英米仏ソ四ヵ国の占領地域におけるIGファルベン所属六一九工場の解体状況はどうか。まず、アメリカ占領地域では、四九社はアメリカが任命した経営者のもとに独立の会社となり、残り七七社の処分は研究中といわれる。イギリス占領地域では、現在なお、IGファルベン系会社は一単位として経営されているが、これは、近く、つぎのようになるはずである――すなわち、四五社は独立、六三社は解体、七五社は未定。フランス占領地域では三四社のうち一六社は独立したが、まだ新しい経営者に引きわたされるには至っていない。残りのうち九社は解体、九社の処分は未定である。ソヴェト占領地域では、二〇一社のうち三一社はソヴェト式の経営に転換され、八六社は解体、八四社は賠償物件として接収された。

このように、ドイツのカルテル、トラストにたいする連合国の解体計画は行きづまり状態にあるといえるが、これは、ある程度までは、ドイツ人の反対、抵抗によるものであり、また、一つには、連合国の当局者の一部に、ドイツ工業の攪乱をためらう空気があるからでもある」。

この記事の中で「連合国の当局者の一部」とのべられているものこそ、IGファルベンの「商売上の友人たち」、具体的にいえば、スタンダード・オイル、ジェネラル・エレクトリック（GE）、ジェネラル・モーターズ（GM）など、つまりロックフェラー、モルガン、デュポンなどアメリカの巨大財閥系企業の代表者たちのことである。

あまりにも見えすいた舞台裏の醜悪さに憤激して辞表をたたきつけた良心的なアメリカ人

もあった。連合国管理理事会のカルテル解体関係の部局で勤務していた幹部のJ・S・マーチンもその一人である。マーチンは、「私がやめたのは、アメリカの大会社、とくにスタンダード・オイル、GE、GMなどの陰謀に抗議するためである。アメリカ国民は、ドイツの処理方針について独自の見解をもつ独占資本のグループに支配されている。ヨーロッパの心臓部に、独占資本の支配するドイツを樹立しようと欲しているこのグループのために、私の努力は水泡に帰してしまった」と義憤をぶちまけている。

一九四八年以後、米英仏の占領地域では、カルテル解体は事実上停止された。さらに、一九五一年には、占領軍当局はIGファルベンを五つの独立した会社に分割する法律を公布、実施した。だが、この分割案は、IGファルベンにとって、別に痛くもかゆくもなかった。というのは、ファシズムと侵略戦争の一二年間にブクブクと肥えふとり、頭でっかちになりすぎてしまっていたIGファルベン自身が、大戦中、すでにある種の集中排除プランを作成していたのであって、一九五一年におこなわれた「解体」は、他でもないこのプランにほぼ沿ったものだったからである。しかも、それは、「ポツダム協定にもとづくカルテル解体」という美名のもとにおこなわれた。このいきさつは、ドイツ占領軍でカルテル解体作業に従事し、前述のマーチンと同様辞任したラッセル・A・ニクソンが後にアメリカ上院のキルゴア調査委員会で証言したとおりである。ニクソンの証言と証拠資料によると、このプランはIGファルベンの首脳の一人マックス・イルガーの計画になるもので他の幹部にあてたイルガーの書簡は、このやり方こそ「敗戦と被占領の事態に適応し」、「IGの再建にそなえる」

道であると強調していた。
すべては筋書きどおりに進んだのである。

軍国主義復活の支柱

こうして、IGファルベンは、みごとに復活した。それは、形式的には分割されたが、実際には、やはり、一つの巨大な化学工業独占体であり、西ドイツの化学工業界を支配する大王国である。

IGファルベンの3大後継会社の商標。左から、ヘヒスト、バイエル、バーデン・アニリン・ソーダ

IGは、名義上は、主として、つぎの三つの「後継会社」に分割された。ファルベン・ファブリーケン・バイエル、ファルブウェルケ・ヘヒスト、バーディッシュ・アニリン・ウント・ソーダ・ファブリーケン。われわれが知っているように、この三つは、一九二五年にIGファルベンが結成されたときの三大化学、染料トラストの原名である。しかし、名目上はこの三つに分れているものの、実際には一体である。三社は、共通の販売機構をもち、重役の兼任、交流をおこない、他社に共同で参加し、販売市場を分割調整している。また、三社は毎年仲よく同率の配当を支払い、国

第4表　IGファルベンの3大後継会社概況*

	売上高（100万DM）			労働者数（1,000人）		
	1952年	1957年	1959年	1952年	1957年	1959年
バイエル染料会社	866.9	1853.1	2459.0	33.2	49.8	55.1
バーデン・アニリン・ソーダ会社	661.8	1690.0	2268.0	25.7	38.4	43.6
ヘヒスト染料会社	761.9	1761.0	2222.0	26.2	42.7	45.4

＊ New Times, No.31, 1960

内に合成ゴム工場を共有し、インドのボンベイ近郊に化学工場を共同で建設した。

この「トリオ」の総売上額は、一九六〇年にはイギリスのＩＣＩのそれよりも三〇％も多く、アメリカのデュポンにわずか数％及ばぬだけだった。つまり、ＩＧは、依然、戦前と同様、世界の三大化学独占体の一つなのだ。この「トリオ」のまわりにある約五〇社をひっくるめたＩＧファルベン・コンツェルンの年間総売上額は約八〇—一〇〇億ＤＭ（ドイッチェ・マルク）に達する。

それはさておき、ＩＧファルベンは、戦後まもなく軍需生産を再開した。そのことは、この章の冒頭に書いたルードウィッヒスハーフェンの爆発事件でも裏書きされている。アデナウアーのもとに西ドイツ国家が造りだされ、軍国主義、復讐主義が復活されるにつれて、また、西ドイツ国防軍がＮＡＴＯの中核になるにつれて、西ドイツの軍需生産におけるＩＧの比重は、ますます重みを増してきている。

ただ、戦前とちがうのは、ＩＧファルベンが、ジェット・エンジン用の燃料や原子燃料の生産の開発に力をそそぎはじめたことである。

ＩＧは、その大工場のあるフランクフルト・アム・マインに近いグリースハイム市に原子力研究センターをもち、また、フランスのサン・ルーにある独仏共同の原子力研究所にも関係をもっている。シュトラウス西独国防相が誇らし気にのべたように、フランスのサハラ砂漠における原爆実験の開発に主役を演じたのはこのサン・ルーの原子力研究所だった。

こうして、ＩＧファルベンは、西独の核武装が迫るにつれ、ふたたび、西ヨーロッパにおける戦争の危険の源泉になりつつあるのである。

V　デュポン——火薬から原水爆へ

（自由主義的政治家にとっては）デュポンは、いまもなお、古くからの『火薬トラスト』であり、『戦争成金』であり、『死の商人』である。

——ニューズ・ウィーク誌、一九四九年五月二日号

デュポンは女性に依存する

「デュポンとその会社を実際上生存し呼吸させているもの——それは女性である。デュポンの歴史はダイナマイトからナイロンへ——すくなくとも平時においては——の発展の歴史である……この会社はダイナマイトよりも主婦に依存することの方がはるかに多い。プラスチック、ペンキ、マニキュア塗料、香水、織物、染料——今日デュポンの活動の大部分をつくりあげているのはこのような商品である」。

有名なジャーナリスト、ジョン・ガンサーは、その著『アメリカの内幕』のなかで、デュポンをこう特徴づけている。

アメリカの八大財閥のなかでも一番貴族的なにおいのするデュポン家の家族たちは、実は、なかなか「平民的」であるらしい。デュポン家の家族の一人ピエール・デュポンがもっ

ているペンシルヴァニア州ロングウッドの宏壮な大邸宅と庭園は、長い間、一般人の閲覧に開放されていた。ある日、観覧にきた一人の老婦人が、ちょうど門のところにいた一人の男に、「車椅子をもってきてください」と命じた。男が車椅子をもってくると、彼女は一ドルを彼のポケットにすべりこませ、庭園を一周するように言いつけた。男は命令のまま車椅子を押して老婦人のお供をした。この男は何とピエール・デュポンその人であった。

デラウェア州のウィルミントン市といえば「デュポンの国土」という異名があるくらいで、ここには、デュポン財閥の本拠がある。あるとき、某会社の一重役がこのウィルミントン市のデュポンの事務所に招待されたことがある。彼はお仕着せの運転手が運転する差し廻しのキャディラックに乗り、ふんぞりかえって事務所に向かった。途中の交叉点で赤信号が出て車はストップした。そのとき、車の窓のところに停止した自転車の上の男が「やあ！」と気軽に声をかけた。この男が当時のE・I・デュポン・ド・ヌムール会社の社長ラモット・デュポンであることをあとで知ったその重役は、冷汗をかいたという。

こういういくつかの挿話は、デュポン家の一族がきわめて「平民的」、「大衆的」だという印象をあたえるであろう。それとおなじように、E・I・デュポン・ド・ヌムールが今日生産している一二二〇種類の商品は、一見、きわめて「平和的」なものばかりであり、したがって、デュポンは、近代的な化学の精華を人類のために役立たせているかのように見える。全国四四ヵ所にあるデュポンの実験所では、年額三〇〇〇万ドルの実験費が湯水のように惜しげもなく使われている。最初の一ポンドのナイロンがつくり出されるまでに、デュポンが使った経費は、一一〇〇万ドルだった。ナイロンの王座をゆるがした新しい繊維オーロンを世の中に出すまでには、デュポンは二〇〇〇万ドルの実験費を賭けた。こういう数字は、まえに書いたようなことを裏書きするかのようだ。

ジョン・ガンサーが『アメリカの内幕』のなかで、「デュポンは女性の力で生存している」といったのも、こういう見方にしたがうものである。世界中の女性の脚線美をいやがうえにも美化したナイロンの靴下——これはデュポンが生産し販売したものだ。赤い爪を輝かしくするエナメルも、香水も、衣服も、プラスチックのハンドバッグもベルトも、みんなデュポンがつくり出したものだ。そればかりではない。ヴィタミンD剤をつくったのも、ノミやシラミを退治したDDTも、デュポンの商標と切り離されては存在しなかった。

ガンサーによれば、デュポン・コンツェルンのうち最大の部門はレーヨン部門（ナイロン、セロファンをふくむ）であり、これについで第二位を占めるのは有機化学品（染料、合成ゴムをふくむ）、第三位は繊維、織物、第四位は重化学工業製品、第五位はプラスチック、そして第六位が爆発物である。だから「爆発物はいまなお重要な営業品目ではあるが、昔ほどの重要性はない……一見不可思議なパラドックスであるが、世界中の男ではなく女こそが、デュポンの政策を窮極的に決定する要素である。デュポンはダイナマイトに依存するよりも主婦に依存する方がずっと大きい」（ジョン・ガンサー）という評価もあらわれてくるのである。

たしかに、デュポン自身が発表した数字によれば、爆発物の占める比重は小さくなっている。一九二〇年から一九四一年にかけて、つまり第一次世界大戦から第二次世界大戦に至る期間のデュポンの軍需用爆発物の販売高は、全販売高の二％でしかなかった。第二次世界大戦中でさえ、この比率は二五％でしかなかった。

だが、これは数字のカラクリというものではないだろうか。一九三〇年代のなかばごろ、アメリカ軍当局は、その必要とする軍需物資の九五―九七％を民間会社から購入していたが、その民間会社のなかで一、二を争っていたのはデュポンだった、とH・C・エンゲルブレヒト博士は書いている。また、軍需工業問題の研究家として有名なA・F・ブロックウェイは、デュポンがアメリカ政府にたいする火薬および爆発物の供給者として比肩するものがなかったこと、デュポンの事業がひじょうに多方面に分化されるようになったために、一九三一―三三年には、軍需生産物の比率はわずか二％に落ちたことを指摘している。

もしも、このような指摘が正しいとすれば、ジョージ・セルデスもいうように、デュポンは、「アメリカにおける資本家的王朝のうち最大のもの」であり、「死の商人の新しいジェネレーション」であると見ることは、それほどこじつけではないかも知れない。火薬に始まり、火薬とともに発展してきたデュポンの伝統は、まだ崩れ去ってはいないのかも知れない。

フランス革命の後日譚

こんにち、アメリカ国内二五州に四八の大工場をもち、デラウェア州を一族の「領土」さながらに支配し、化学工業はむろんのこと、ゴム産業（子会社アメリカ・ゴムをつうじて）および自動車工業（子会社であるアメリカ最大の自動車会社ジェネラル・モーターズをつうじて）にも動かしがたい威容を示しているデュポン財閥——アメリカ八大財閥の一つ——は、一六〇年の長い歴史をへて形成された。

デュポンといえば火薬、火薬といえばデュポンというように、デュポン財閥の発生と発展の歴史は、火薬とともに歩んできた。デュポン財閥のそもそものいしずえが、革命と動乱とそして硝煙の時代、いいかえると、フランス革命、アメリカ独立戦争の時代にきずかれたことは、その後のデュポン家の盛衰を決定したようである。

話は二一〇年ほど前にさかのぼる。一七八九年、といえば、フランスの人民がバスチーユの監獄に殺到したあの歴史的な年であるが、ちょうどこの年のことである。大西洋を西へ西へと新大陸に向かって航行する船の甲板に風采いやしからぬひとりのフランス人の老人が、はるか西の方を凝視しながら立っていた。老人のかたわらには、見るからに、怜悧そうな、潑溂とした青年が付きそっていたが、これは老人の息子と思われた。老紳士はピエール・デュポンと呼ばれ、青年はその次男エルテール・イレーネ・デュポンであった。いましも、デュポン親子は自家用船でアメリカに向かって船旅をつづけているところであった。

老デュポンは、故国フランスでは、かなり知られた思想家であり、フランス革命を醸成した啓蒙思想家のひとりであった。彼も、また、他の急進的ブルジョア思想家とおなじように、新しい時代の象徴である新大陸にロマンティックなあこがれをいだいていた。だが、この新大陸への夢が単なるあこがれでなく、計算のうえにも置かれていたことは、老デュポンがすでにヴァージニア土地会社に巨額の投資をし、広大な処女地を自分のものにしていたことからも、また、長男のヴィクトールをニューヨークで西インド貿易に従事させていたことからも分る。

ところで、このデュポン一家が故国フランスをあとにしたというのは、革命の風むきがしだいに激しくなり、どちらかといえば穏健派に属した老デュポンはジャコバン党から白い眼で見られ、このままで行けば、ギロチンの露と消えることは必定と予想されるに至ったからである。

エルテール・イレーネ・デュポン
(1771—1834)

この老人の第六感は正しかった。事実、老人の親友であり、息子エルテール・イレーネの化学研究の恩師であったラヴォアジエは、後日、もしもこの老人が新大陸に亡命しなかったとしたら当然歩まねばならなかった運命をたどったのである。こういうわけで老ピエールは、一家をあげて新大陸に移住することになったわけだが、この新大陸には、老ピエールの思想上の知己が幾人もいた。たとえば、アメリカ建国史上の有名な指導者であり、アメリカ民主主義の土台をきずいた第三代大統領トマス・ジェファスンは、その知己のひとりであった。ついでだが、老ピエールとジェファスンとは、新しい国家アメリカの発展の礎石は農業におかれねばならぬという見解を共通にいだいていたのであるが、このデュポンの一族がアメリカ工業の発展に大きな役割を演じたということは、思えば、歴史の皮肉である。

それはともかくとして、デュポン一族はこうしてヴァージニアに落ち着いた。ある日のこと、エルテール・イレーネは、ワシントンの軍隊に加わって歴戦したフランス人士官といっしょに、狩猟に出かけた。獲物はたくさんあり、火薬が足りなくなるほどであった。一行は、やむをえず、途中で火薬を補給することにした。ところが、火薬を買う段になって、エルテール・イレーネ（ついでだが、一家のあいだでは、これらをちぢめてその頭字をとり、E・I――ウー・イー――と呼びならわしていた。このE・IがこんにちE・I・デュポン・ド・ヌムール会社の頭字になっていることは周知のとおりである）、つまりE・Iは眼をまるくした。というのは、火薬はひじょうに質が悪かったし――化学を学んだ彼はすぐそれを看破できた――おまけに、その値段ときたら、べらぼうに高かったからである。

このことがあってから後、E・Iはいくつかの火薬工場なるものを視察した。案のじょう大へんおそまつなものだった。E・Iは、そこで結論をひき出した――「アメリカは火薬製造事業を始めるにはすばらしい条件にめぐまれた国だ」と。

Ｅ・Ｉは、さっそく火薬工場の見つもりをつくり、経費、資材を用意するためにフランスに渡った。彼は、当時のヨーロッパの情勢をうまく利用した。ナポレオンはイギリスを敵視していた。当時イギリスは新大陸はむろんのこと各国に火薬を輸出していたが、もしもデュポンがアメリカの火薬市場を支配するならば、イギリスはそれだけ貿易上の打撃を受けるだろう——これがナポレオンの考えだった。そこで、この野心満々たる第一統領はデュポンにたいし全面的援助をあたえるよう政府当局に命令したのである。こうしてＥ・Ｉは潤沢な資金、資材を手に入れた。

一八〇二年、Ｅ・Ｉは、ブランディワインに火薬工場を建設した。ブランディワインが候補地にえらばれたのは、この付近に白楊が多く、白楊は良質の木炭の原料として火薬の製造に不可欠であったからだといわれている。このアメリカ史上はじめての大きな、しかも最新科学の基礎のうえに立った火薬工場は、つぎのような名称をおびていた——デュポン・ド・ヌムール父子商会。後日、Ｅ・Ｉは、さらにその名称を改めて、Ｅ・Ｉ・デュポン・ド・ヌムール会社とした。この名前が、こんにちのデュポンの名前である。

Ｅ・Ｉの企図はみごとに当った。開業四年、工場は六万ポンドの火薬を製造し、かなりの利益をあげた。これには、まえに書いたＥ・Ｉの父、老ピエールとジェファスンとの交友があずかって力がある。ジェファスンは、自分の親友の息子の事業を、新しい国家の防衛の必要とも結びつけて、積極的に援助した。あるとき、ジェファスンは、Ｅ・Ｉにつぎのような手紙を書いている——

「国家的利害の見地から、わが政府は陸海軍用火薬の入手にかんしては、万端、あなたの工場にお願いするようになったことを私は最大の喜びをもってお知らせする。そのかわり、政府内部の事情についてはすべて内密でお知らせすることにした、私の友好的なあいさつとあなたにたいする敬意の保障をこころよく受け入れられたい――トマス・ジェファスン」。

もっとも、一八〇九年までの注文は三万ドル足らずであまりたいしたものではなかった。それは、陸海軍当局が平時には火薬の蓄積にそれほど力を入れなかったせいである。だが、一八〇九年、ふたたびイギリスとのあいだに戦争の危機が濃くなっていらい、デュポンの工場は忙しくなった。一八一〇年には注文は二倍、三倍となり、一八一二年についに戦争が始まるやいなや、デュポンは全力をあげても足りぬほどであった。この戦争で、デュポンはひじょうにもうけた。だが、同時に、かれは、「愛国者」としてアメリカ人民の側に立っていた。

一八三〇年代にE・Iは死んだ。このころには、E・Iの最初の企図は完全に達成され、E・I・デュポン・ド・ヌムールは、新大陸における押しも押されもせぬ大火薬会社になっていた。E・Iは、すでに、外債（おもにフランス債）を完全に返却し、会社は、完全なアメリカ資本による会社になっていた。E・Iのあとは、息子のアルフレッドが継いだ。

「火薬トラスト」

南北戦争をつうじて、デュポンは、一貫して「愛国者」――むろん、北軍の側に立った

「愛国者」——として終始した。デュポンは南軍への火薬の供給を拒否し、北軍には惜しみなく援助をあたえた。この限りでは、デュポンは、J・P・モルガンとはちがって、はなはだ「死の商人」らしくなかったように見える。だが、この「愛国者」としての一貫した立場は、デュポンを政府と固く結びつける結果を生んだ。そこで、南北戦争は、デュポンに大きな利益をもたらしただけでなく、戦後の利益をも約束した。一八九九年、インディアン・ヘッドに政府の手で無煙火薬工場が創設されたとき、デュポンはこれに協力した。二、三年後、ニュー・ジャージーのドーヴァーに別の火薬工場ができたときも、デュポンはその仕事にあずかった。

それればかりではなかった。アメリカ資本主義のたくましい発展は、火薬とともに進んだ。鉄道が西へ西へと敷設され、鉱山がつぎつぎに開発されて行ったとき、その過程は、デュポンの火薬とダイナマイトなしにはありえなかった。

ところで、デュポンが「火薬トラスト」の異名で知られるようになったそもそもの始まりは、この時代に発する。アメリカにおける生産の集積、資本の集中の開始は、一九世紀の最後の一〇年前後に見られるが、デュポンも例外ではなかったのである。ウィリアム・スティーヴンスの書いた『火薬トラスト――一八七二～一九一二年』という本によると、デュポンが火薬工業界に「秩序」を確立しようとしはじめたのは一八七二年のことであるが、早くも一九〇七年には、デュポンは業界で最優位を占めたばかりでなく、全国の火薬会社を結集し、これを支配ないし所有するに至っていた。この独占支配の実現の過程はまず価格協定カルテルの設置に始まり、市価六ドル二五セントの小銃用火薬は二ドル二五セントでダンピングされた。一八七二年に七大火薬会社で結成されたアメリカ火薬販売業者協会は、このダンピングによる攻撃で中小業者を圧倒し、合併、併合を急速におこなった。

このころ、デュポンにとって、ひじょうに手ごわい敵が現れた。むろん、国内からではなく、国外からである。ケルンのケルン・ロットワイラー連合火薬会社とロンドンのノーベル・ダイナマイト・トラスト会社の両社は、共同して、ニュー・ジャージー州ジェイムスバーグに火薬工場を建設し、デュポンの王座に挑戦した。これはデュポンにとって、ひじょうな脅威であった。では、デュポンは、どのようにして、この脅威を回避したか。この回避策は、「死の商人」の「国際性」を示すうえからいっても、また、その後、デュポンが徹底的な「国際主義」の実践者として一貫したことからいっても、忘れてならぬものであろう。

一八九七年に、デュポンは、ヨーロッパの競争者とのあいだに、つぎのような協定を結んだ。

(1) どちらのグループも（つまり、欧、米、いずれのグループも）相手の領域内に工場をつくらないこと。

(2) 一国の政府が外国の火薬製造業者に入札させることを決定したばあい、その外国の業者は、その国の業者が付けている価格を確かめ、その価格以下で入札しないようにすること。

(3　高性能爆発物の販売にかんして、全世界を四つの区域に分割する。アメリカおよびその属領、中央アメリカ、コロンビア、ヴェネズエラは、アメリカの火薬製造業者の独占的販売市場とする。その他の世界はヨーロッパの業者の独占にゆだねる。なお、このほか、一定の区域は、自由競争地域とする。

この協定によって、デュポンは、アメリカを完全な支配下に置くことができ、国内における独占的地歩の強化に邁進することができることになった。一九〇三年から一九〇七年にかけて、デュポンは、一〇〇の競争者を買収し、そのうち六四をただちに閉鎖した。その結果、残るものは、デュポンの子会社あるいは協力者ばかりとなった。デュポンのこのやりかたは、冷酷きわまるものであったといわれている。反抗する業者は無遠慮に踏みつぶされた。有名な機関銃の発明者であり、彼自身「死の商人」であったハイラム・マキシムは、このデュポンのすさまじい併呑の過程をつぎのように書いている──

「フェニックス火薬会社という会社が、向う見ずにも、デュポンに挑戦しようとした。これは、ちょうど、小さな牛が機関車にはむかおうとするようにばかげた考えだった──機関車が小さな牛をあとかたもなく踏みつぶしてしまう以上に、デュポンはフェニックスを一物も残さず踏みつぶしてしまったのである」。

その結果、一九〇五年までに、デュポンは政府の火薬注文を完全に独占してしまっていた。むろん、このような独占は、一八九〇年に制定されたシャーマン反トラスト法にふれるはずのものであった。また、実際、連邦政府は、一九〇七年には、デュポンを反トラスト法違反で告訴した。しかし、デュポンは、すでに、競争者をほとんど全部買収し、解体してしまっており、それ以前の状態にもどすことは不可能であった。一九一二年、デュポンは、反トラスト法の規定から逃れるため、ヘルクレスおよびアトラスの両火薬製造会社を分離独立させた。だが、「火薬トラスト」デュポンの実体は、もちろん、変化しなかった。

第一次世界大戦中、デュポンは、連合国が使った弾薬の四〇％を供給したが、その後もアメリカ軍当局にたいする軍需用爆発物の主要な供給者であった。戦争中、デュポンの使用労働者数は五〇〇〇人から一〇万人にふえた。一九一四年にデュポンが生産した火薬の量は二二六・五万ポンドだったが、翌一九一五年には連合国からの注文が殺到し、そのため生産高は一・〇五億ポンドに激増した。一九一六年には、前年の約三倍の二・八七億ポンド、さらに、一九一七年にアメリカが参戦するやいなや、生産高は一層増加して三・八七億ポンドとなり、一九一八年には三・九九億ポンドとなった。こうして、戦争の四ヵ年間に、デュポンは年平均五八〇〇余万ドルの利潤をあげた。これにたいし、戦前の四ヵ年間の平均利潤は、その約一〇分の一——六〇九万ドルにすぎなかったのである。

デュポンがあげた戦時利潤がどんなにぼろいものであったかは、つぎの数字が雄弁に語っている。戦争中、政府は、デュポンにたいして、火薬一ポンドにつき四九セントの割で支払ったが、生産費は一ポンドにつき三六セントだった。戦争をつうじて、デュポンの株は五〇倍になったが、これは、ふしぎではないのである。

このような戦争景気のまっただなかで、それにふさわしい挿話が生れたことは当然であろう。まだ、ロシア軍が崩壊するまえのことであった。デュポンは、ロシア政府から大量の注文を受けていた。ある日のこと、デュポンの重役室に一通の小切手がとどけられた。小切手の数字を見た重役連中は思わずにやりと笑った——六〇〇〇万ドルという巨額の小切手が振出されたことは歴史上初めてのことだったのである。

吊しあげられたデュポン

デュポンは、今日までに、何回か「スキャンダル」の対象として槍だまにあがっている。シャーマン反トラスト法違反のかどに問われたのもそうだった。あとにのべるように、第二次世界大戦にさいして、「利敵行為」をしたのではないかと疑われ、上院のキルゴア調査委員会から喚問をうけたのも、その一つである。もう一つは、これからのべる一九三〇年の事件である。デュポンが疑いをかけられたのは、第一次軍縮会議のさい、デュポンがこれを妨害したという点にかんしてであった。この事件の調査にあたったのは、上院のナイ議員を委員長とするナイ調査委員会である。ナイ調査委員会の調査によると、このスキャンダルというのは、驚くべき内容のものであった。

話は、すこし以前にさかのぼる。ヴェルサイユ条約が世界平和を確立することに失敗していらい、国際連盟は、数年間ぶっつづけで毎年のように会議をひらき、広汎な軍備縮小を実現しようと努力していた。一九二五年、国際連盟は、ドイツが秘密のうちに再軍備を進めているという情報に驚いて、第一回軍縮会議をひらくことになった。この会議では、武器、弾薬、その他軍需品の国際的取引の制限の問題がとりあげられるはずであった。

この軍縮会議がひらかれることになってから、デュポンその他の軍需会社は、当時の商務長官で後に大統領となった共和党の領袖ハーバート・フーヴァーからワシントンへの招請電報をうけとった。その電報は「きたるべきジュネーヴ会議で討議されるはずの武器、弾薬、その他軍需品の国際的取引の制限にかんして、商務省当局としては、関係業者の意見をききたいから、準備的な討議に代表を送っていただきたい、軍縮にかんする草案は別に郵送したからごらんをねがいたい、当局としては業者の利益を保証することに充分留意している」というものだった。

そこで、各方面の関係業者がワシントンにやってきた。ナイ＝ヴァンデンバーグ調査委員会の記録によると、「この会議は、商務長官フーヴァーの命令により招集されたものであって、商務長官は、各代表から口頭および書面で意見を出させた……軍需工業界の各代表は、協議の対象となった軍縮草案にたいしては、満場一致で反対した」という。

ところで、ジュネーヴに派遣される政府代表の一人には、軍需局次長ラッグルス将軍が極秘のうちに内定していた。むろん、この人事は秘密であった。だが、ラモット・デュポンは、早くも、このことを知り、シモンズ大佐を派してラッグルス将軍を訪ねさせた。ジュネーヴ会議にアメリカ代表が出発する一八日前、一九二五年三月二五日、デュポンは、シモンズ大佐からの報告を読んだ。それはつぎのとおりであった――「わたくしはラッグルス将軍を訪問した。将軍は、アメリカ政府はすでに軍縮の方式にかんする草案に賛成し、これに協力する方針をきめている、と説明した。また、政府から軍需品取引にかんして特許をとることは可能であり、そのばあい、商務省から特許をとられたらよかろうと付言した」。

このようなことがあってのち、ジュネーヴ会議はひらかれた。その結果、軍需資本家たちは、ある程度の制限をうけたが、にもかかわらず、それは、国際的な軍需品の取引を全然不可能にするものではなかった。

ナイ委員長がラモット・デュポンにたいして提示した証拠書類の一つに、シモンズ大佐の手紙がある。それは、つぎのように書いている――「軍需品の国際的取引にかんする会議の結果についていえば、その内容は、われわれが以前そうあるべきだと考えていたものとは、ずいぶん、ちがっている。それは軍需品製造業者の国際的取引にとっては、かなりの不便はあるが、実質上、なんら妨げになるものではない」。

ナイ＝ヴァンデンバーグ調査委員会が、その後、明らかにしたところによると、デュポン以下の軍需資本家たちの希望は、けっきょく、あらゆる条約の網の目をくぐりぬけて、ドイツをひそかに再武装することによって、膨大な利潤を引き出すことにあったといわれている。

「われわれは、ドイツの再武装について語らねばならぬ。われわれは、ヴェルサイユにおける冒険の結果について、直接の責任を感ぜざるをえない……もしも、ジュネーヴにおける会議の目的が、よこしまな勢力の妨害によって失敗するとすれば、われわれは、ただちに、これから生ずる脅威を防止しなければならない……過去および現在にわたり、ドイツ自身を別とすれば、ドイツから利益をえようとする人々には二つのグループがある。一つはドイツとのあいだにふつうの商取引をいとなむ人々、もう一つはドイツの再武装から利潤を引き出そうとする人々である」（ヴァンデンバーグ議員）。

けっきょく、ナイ＝ヴァンデンバーグ調査委員会は、ヒトラーの政権獲得前後に、デュポンがドイツの再武装を援助した会社の一つであったという報告をおこなったのである。

デュポンはナチスを助けたか

第二次世界大戦にさいして、デュポンが演じた役割は、第一次世界大戦のときにくらべて、はるかに大きかったことはいうまでもあるまい。だが、ここでは、この問題に深く立ち入ることは省くことにしよう。そのかわりに、デュポンの敵手たちが口をきわめて攻撃し、デュポン自身が事実無根であると否定しているとほうもないスキャンダル——デュポンがIGファルベンをつうじてヒトラーを援助していたというスキャンダル——についてのべることにしよう。

第二次世界大戦の末期、アメリカ議会の軍需品調査委員会は、つぎのような、驚くべき事実を明るみに出した。それによると、一九三三年二月一日、フェリックス・デュポンは、ジーラと自称する人物と商取引上の協定を結んだことになっている。このジーラという人物は、実は、本名をペーテル・ブレンナーという国際的なスパイで、第一次世界大戦初期（一九一四—一七年）にはドイツのスパイとしてドイツのためにアメリカで活躍し、一九一七年アメリカが参戦するやいなや、ただちにドイツとの関係を絶ち、こんどは、デュポンの諜報員になった人物であるといわれる。ところで、この協定の内容は、「抛射火薬と炸薬とをドイツおよびオランダの両国内の購入者にたいして供給すること」にあったのであるが、この協定の実行にあたっては、デュポンのパリ駐在代理人テイラーおよびケーシーの両名が当ることになっており、当時禁止されていたドイツへの軍需品の輸入方法にかんして、これらの人々が秘策をねったことが記録に見えている。たとえば、上院の軍需品調査委員会で、委員長ナイ上院議員の質問にたいして、テイラー代理人は答えている——「オランダの河川をさかのぼって軍需品をドイツに送りこむことは、途中、何の取り調べもないから、きわめて容易なことである」。ナイ委員会が手に入れた契約書によると、ジーラ特務機関が扱った抛射火薬および炸薬の供給量は、ひじょうに大量のものであったようである。そればかりでなく、この契約は、ドイツ国内における抛射火薬および炸薬の販売にまで及んでおり、しかも、そのさい、ヴェルサイユ条約の規定はいささかも考慮されていなかったという。

デュポンは、そのドイツの「盟友」IGファルベンとの密接な関係をも維持していた。一九四四年、上院軍事調査委員会（キルゴア委員会）が明らかにしたところによると、「デュポンとIGファルベンとは一個の紳士協定を結んでいた。かの協定によれば、一方は他方にたいして、新しい製造方法や新しい製品にかんして優先権をあたえることになっていた」。全世界を三大分していたデュポン（アメリカ）、ICI（帝国化学工業——イギリス）、IG

ファルベン（ドイツ）の三大化学トラストは、戦時中も何とかして緊密な友好関係を保とうとしたばかりでなく、戦後も、どちら側が勝ち、あるいは負けるにかかわらず、戦前の友好関係を回復しようと考えていたようである（前章参照）。

ナチスの敗北もまぢかに迫った一九四四年九月七日、キルゴア委員会の席上、検事次長ウェンデル・バージは、つぎのように証言している——

「ドイツの独占体（IGファルベンのこと——引用者）は、国際カルテル協定の維持と回復によって、その勢力を保持しようとしている。これは、ひじょうに危険な傾向だといわねばならない。たとえば、IGファルベンは、つとにデュポンおよびICIと協定を結んで南アメリカ市場を分割していた。一九四〇年二月九日、デュポンの外交部長が理事会に提出した報告によると、デュポンはIGファルベンにたいして、戦後、IGファルベンの市場の回復をはかることを約束している」。

これにたいして、キルゴア委員長は、「このようなデュポンの協定は、スタンダード・オイルのそれとおなじように、きわめて売国的なものであり、上院議員ハリー・S・トルーマンも、これを売国的であると非難したのである」と結論をくだした。

これは、まさに「売国的」であり「スキャンダル」であろう。だが、デュポン自身は、むろん、この事実を徹頭徹尾否認している——「IGファルベンとの関係についていえば、デュポンは、このドイツの会社との関係をつうじて、アメリカあるいは連合国の利益を損ねたと推測する人々がある。だが、この点は、まったく事実に反する。それは、あたかも、プラウダ紙が『原子力研究は完全に独占資本の支配下に帰している』と非難したのが事実に反しているのとおなじである」。

このデュポンの声明は、デュポンが、原子力計画に協力したさい、わずか一ドルの手数料しかもらわなかったという事実を公表した声明書のなかでおこなわれたものである。

一年一ドルで国家に奉仕

それはさておき、デュポンと第二次世界大戦との深い関係は、原子爆弾の生産を除外しては、考えられないであろう。

「マンハッタン・ディストリクト」（原子爆弾生産計画の暗号名）がひそかに計画されたころ、この計画の中心人物レスリー・グローヴス准将は、ウィルミントンにやってきて、デュポンの首脳部に、彼の計画の輪廓を打ちあけ、デュポンの協力を求めた。

では、軍部は、なぜ、まっさきに、デュポンに話を持ちこんだのであろうか。ジョン・ガンサーは、その理由はつぎの四つであるといっている。

(1) デュポンは、これまで、つねに、独自の機構を創設することに習熟している。

(2) 陸軍省はデュポンを良く知りぬいており、長い年月にわたってデュポンと親しい関係を保ってきている。

(3) デュポンは、この仕事（原子爆弾の製造）にもっとも適当である。デュポンは、スタンダード・オイル・ニュー・ジャージーを別にすれば、きわめて多方面的、包括的な機能をもつという点では、ほかに比肩するもののないほどすぐれている。

(4) デュポンが爆発物にかんして豊富な経験をもっているということについては、あらためていうまでもない。

こういう理由から、陸軍省は、まっさきに、デュポンに白羽の矢を立てたのだった。だが、これにたいして、デュポンは、最初あまり乗気でなかったといわれる。「自分たちは化学者であって原子物理学者ではない」というのがデュポンの答えだった。しかし、けっきょく、デュポンは条件つきで「マンハッタン・ディストリクト」に参加することになった。その条件とは、(1)この計画に関連して特許権を取得することをしないこと、(2)計画をひきうける手数料は年額一ドルにとどめること、であった。

まったくすばらしい条件である。デュポンほどりっぱな、損得を無にした「愛国者」はどこにも無いように思われた。「ア・ダラー・ア・イア・マン」(「一年一ドルの男」)ということばは、ここから生れたのだが、このことばが、軍需資本家、「死の商人」の別名として使われるのは、デュポンにいわせれば、まさに、けしからぬことであろう。

ところで、「かなり厭々《いやいや》ながらこの計画に手を貸した」(ガンサー)デュポンは、シカゴ大学の監督のもとに、まずテネシー州クリントン、つまりオークリッジの付近に試験工場を建設し、ついで、ワシントン州ハンフォードに三・五億ドルの巨費を使ってハンフォード・プルトニウム工場を建設した。「これまで世界で企てられたもののうち、もっとも大規模な、また、もっとも困難な工業企業」はこうして実現されたのである。もっとも、これらの巨額の費用はデュポンが自腹を切ったわけではない。すべて国費である。

原水爆時代

戦争は終った。だが、アメリカの「死の商人」の前には、新しい分野がひらけた。それは、核兵器生産の分野である。

一九四六年に「原子力法」が制定され、この法律にもとづいて「原子力委員会」（AEC）という国家機関が創設された。一九四七年一月、AECは陸軍から「マンハッタン・ディストリクト」計画を受けついだ。引きつぎのさい明らかになったことは、過去七年間に原爆生産に投下された経費が二二億ドルの巨額に達していたということである。その後、「冷たい戦争」が展開されるに及んで、原子力予算は、まず年額一〇億ドル台になり、ついで二〇億ドルをこえた。

「一つの新しい産業が突如出現した。それは、はじめてヴェールをぬいだその時からすでに巨体であったが、やがて体全体が成長し、単一の産業としては現代最大の産業になっている」と一九四八年末、当時のAECの委員W・W・ウェイマックは原子力産業の巨大なスケールについてのべている。

原子力産業は、「死の商人」にとっては、もっともすばらしい活動分野であった。何し

第5表　デュポン・ド・ヌムールの業態*

	1950年	1953年	1955年	1959年
年間売上高（100万ドル）	1,309.5	1,746.6	1,909.2	2,114.3
純　　益（100万ドル）	307.6	235.6	431.6	418.7
従業員数（人）	80,000	93,100	87,500	85,900

＊ New Times, No.23,1960

ろ、その規模がどえらく大きい。年額二〇億ドルもの巨費が建設や運営のためにばらまかれる。その設備はといえば、ＵＳスティール、ジェネラル・モーターズ、フォード、クライスラーの四つの巨大会社を合せたよりも大きく、数十万の技術者、労働者を擁している。ところで、この土地、建物、機械などの固定設備はむろん、ＡＥＣ、つまり国家がまかなうが、その建設、運営はデュポンだとか、ユニオン・カーバイド・アンド・カーボン（ロックフェラー財閥系）や、ジェネラル・エレクトリック（ＧＥ）（モルガン財閥系）のような巨大企業にまかせられる。建設、運営をひきうける会社は自社製品を優先的に売りこみ、すえつける特権があり、また、運営の代償として「生産費《コスト》プラス手数料《アラウアンス》」の原則でＡＥＣに請求して支払いをうけるが、この「手数料」は純然たる利潤だとＡＥＣ担当官さえみとめている。

　このほか、運営に当っていれば、科学技術上の機密が自然入手できるが、これらの機密は、将来原子力産業が民間に解放される場合には、ごっそりいただくことができる。「死の商人」にとって、こんなボロもうけの分野がかつてあったであろうか。ジェイムズ・アレンが「原爆崇拝のかげで景気のいい一つの商売がおこなわれている。それは、国家の権威をまとい、えせ愛国主義の霊気に包まれているが、いうなれば『ボロもうけの商売』である。しかも、この事業の目的たるや、大量殺人でしかない」と慨歎している（James S. Allen: "Atomic Imperialism — the State, Monopoly, and the Bomb", New York, 1952）のも当然である。

原子力産業は「死の商人」にとってこのように魅力的なものであったから、その獅子の分け前をめぐる「死の商人」の角逐、競争は激烈をきわめた。デュポンは「マンハッタン・ディストリクト」では、原子力産業に先鞭をつけたが、戦後モルガン財閥のはげしい食いこみに遭って一時は苦杯をなめた。モルガン系のGEはハンフォードのプルトニウム工場の経営権をデュポンから奪取したからである。

だが、デュポンにふたたび春がめぐってくる日がやってきた。一九五〇年一月三一日、トルーマン大統領は、アメリカの原爆所有独占を打ちやぶったソ連に眼にもの見せようと水爆製造命令をくだした。その年の八月二日、AECはデュポン・ド・ヌムール会社に水爆製造工場の設計、建設、運営を一手にまかせる決定をおこなったのである。

デュポンがひきうけたこの水爆工場は、アメリカ南部のサウス・カロライナ州のサヴァンナ河流域に建設された。この「サヴァンナ・リヴァー・プラント」は、同州アイケン、バーンウェル両郡にまたがる二五万エーカーの広大な土地に実に一〇億ドルの巨費を投じてつくられたものである。こうしてつくられた水爆が一九五四年三月一日、ビキニで爆発する。

Ⅵ　日本の「死の商人」

「大工業、ことに兵器工業は、最初から、国家独占、つまり天皇制国家をつうじてその利害を一つにする金融資本家、大地主、および軍閥官僚の独占事業であった」

——James S. Allen: "World Monopoly and Peace", New York, 1946

御用商人まかり通る

「鉄砲屋」大倉喜八郎が維新戦争のおりにあっぱれ「死の商人」の面目を発揮したエピソードは前に紹介した（第Ⅰ章、一五ページ以下）。大倉は、文字どおりの「ガン・ブーム」に乗じて、「死の商人」の商品リスト中の本命である鉄砲を敵味方に売り、それによって財閥への出世街道に一歩を印したのであった。維新戦争における大倉の活躍は、ちょうど、南北戦争におけるJ・P・モルガンのそれと好一対である。

だが、維新戦争の硝煙のなかから富を蓄積し、後年の大財閥の土台をきずいたのは何も大倉だけではなかった。官軍の東征、つまり江戸への進撃作戦の軍事費三二〇万両を融資したのは、三井組、小野組、加島組（鴻ノ池）、島田組などの京阪地方の豪商であった。つまり、彼等はこの戦争に賭け、そして勝ったのである。

維新戦争後一〇年足らずで西南戦争がおこったが、この戦争が、また、三井、三菱、大倉などの「御用商人」たちにとって、ボロもうけの絶好のチャンスになった。

三井物産の前身である「三井国産方」は、すでに西南戦争以前から軍用米の調達にかんして政府の御用をつとめていた。西南戦争がおこって軍需品の調達は「御用商人」たちに委託されたが、「三井国産方」は全発注額の六〇%を請け負った。残りは、大倉、藤田各二〇%ずつ配分された。この請負で「三井国産方」があげた純益は五〇万円、資本金一〇万円の五倍であった。

一方、三菱も負けてはいなかった。三菱は軍事輸送を一手で独占し、その結果一五〇〇万円の戦時利得をふところに入れた。白柳秀湖の『岩崎弥太郎伝』によると、この三菱の「不当利得」は全戦費の約三分の一に及んでいたという。秀湖は「思えば官軍将卒の死者六八四三人、薩軍将卒の死者七二七六人、幾多有為の人材を殺し、幾多無辜の財産を烏有に帰せしめた……西南戦役で、一個の三菱は政府総軍費の三分の一を純益としてせしめた」と悲憤慷慨している。

「海坊主」の弥太郎

三菱財閥の始祖岩崎弥太郎は土佐藩の財政役人だった。廃藩置県のどさくさのおり、岩崎は、吉田東洋の少林塾の同門であった藩の重役後藤象二郎とぐるになり、債権債務をひきつぐという体裁をこしらえ、藩の債務三〇万両をひきうける見返りとして樟脳売却代金二三万

岩崎弥太郎（1834―1885）

両、汽船六隻、小舟一五隻、および藩の物産会社「開成館」（別名「土佐商会」、坂本竜馬が創設した貿易会社）の資産全部を自分のものにした。そして、これらの船舶その他を元手に、岩崎は運輸会社三菱商会を創設したのである。

炯眼《けいがん》な岩崎はたちまち明治政府に渡りをつけた。土佐藩の資産を物にするさいに彼のパートナーだった後藤はすでに参議（大臣職）として中央政府に列していたが、岩崎は後藤を通じて大久保（利通）や大隈（重信）にも密接な関係をつけた。この政府首脳との密接な人的紐帯こそ、台湾侵略戦争や西南戦争にさいして岩崎が「死の商人」として思う存分の利益をあげる拠りどころになるのである。

一八七四年、維新後わずか数年で明治政府は早くも台湾にたいする侵略を企てた。政府は、はじめ、デ・ロング米大使、米人軍事顧問ル・ジャンドル将軍らの後援で米船をチャーターして台湾への兵員、物資輸送をおこなう予定だった。だが、どたんばになって、アメリカが中立の立場を堅持したため、この計画はくずれてしまった。あわてた政府は、さきに一五〇万ドルで購入した汽船一三隻を三菱商会に託し軍事輸送をおこなわせた。

三菱は時ならぬタナボタ式のもうけにあずかったわけだが、話はこれで終るのではない。台湾戦争後、政府は大久保の提案にしたがって全国の海運業者を大同団結させて大海運会社をつくり、これに官有船を貸し下げ、助成金を与えて、海軍の「第二軍」をつくることにきめた。岩崎は大久保、大隈らとのコネクションを利用して、この新設の海運会社を牛耳ることにまんまと成功した。その結果、三菱は向う一五年間、前記一三隻の官有船を無償で貸し下げてもらい、アメリカの太平洋汽船会社に対抗して上海航路をひらく航路助成金として年額二五万円をもらうほか、三菱汽船のための海員養成にあたる商船学校も政府の手で開設してもらった。さらに、さきに解散した半官半民の郵便蒸汽船会社から政府が三二万五〇〇〇円で買い上げた一八隻の汽船を一五年賦、年利三%という条件で払い下げてもらった。

こうして三菱汽船は東洋一の大海運会社にのしあがったが、まもなく政府から洋銀一〇万ドルを借り入れて競争相手のアメリカの太平洋汽船会社の上海航路就航船を買収、一方、イギリスのP&O汽船会社をも日本近海から駆逐してしまった。一八八四年までに、三菱が無利子またはそれに近い低利で、しかも一五年—五〇年賦で政府から借りた金は総額三四二万円に達し、航路助成金は年額平均二九万円にも及んだ。このスキャンダルに憤激した国民大衆が岩崎を「海坊主」と呼び、「海坊主を退治しろ」、「三菱をやっつけろ！」と大衆運動をおこしたのも当然である。

もっとも、この「海坊主」退治運動は、「自由民権」の時代の風潮を背景にしていたが、同時に、三菱のライバル三井の「アベック闘争」だったという説もある。三井も、一八八二年、農商務次官の品川弥二郎を動かして「共同運輸会社」をつくっていた。この会社は、三井の益田孝、三井と関係浅からぬ渋沢栄一が中心になって創設したもので、資本金三〇〇万円、そのうち一三〇万円が政府の現物出資だった。この現物出資とは汽船一三隻のことで、そのうち一隻は戦時には巡洋戦艦に改装できるものだった。その後、この会社が二倍増資をすることになったとき政府出資も倍加したが、政府出資金への利子はわずか二%だった。三井、三菱の角逐は、一八八五年、両社が合併して日本郵船をつくるときまでつづく。

欧米の「死の商人」に伍して

「死の商人」の研究家ハニゲン＝エンゲルブレヒトが指摘しているように、西南戦争で兵器工業の必要性を痛感した日本政府は、戦後、急遽、兵器工業の拡充に乗り出した。日本の造兵技術者の卵たちは、エッセンやクルーゾー、ウィルミントンなどに留学した。こうして、早くも、一八八〇年には、大佐村田経芳は国産小銃第一号「村田銃」を発明する。

一方、アームストロングの英人技師サー・ウィリアム・ホワイトが日本にやってきて建艦技術の手ほどきをしたのもこのころである。ついでながら、ホワイトは、いかにも「死の商人」アームストロングの代弁人らしく、一方では中国政府をそそのかして軍艦を売りこみ、また中国の軍艦を売りこみ、他方、日本政府には、この中国艦隊の威容を恐怖させて同じように軍艦を売りこみ、日両国の軍需工業の拡充に拍車をかけさせたものだ。

日清、日露戦争をへて、日本資本主義はいちじるしい発展をしたが、軍需工業の発展はとりわけ目ざましかった。両戦争の前後では民間工場労働者数が二八万から六一万へと二一八%の成長をしたのにたいし、陸海軍工廠のそれは八三一%もの増加ぶりだった。両戦役で得た賠償金、膨脹した内外債は、軍需工業の拡充に大幅にふり向けられた。

一九〇七年（明治四〇年）、日本で最初の民間兵器工場がついに出現した。室蘭の日本製鋼所である。これは三井とヴィッカースがコンビになり、主として海軍の援助のもとに資本金一五〇〇万円で発足した。株式のかなりの部分はヴィッカースが保有した。日鋼は、砲身、砲架、魚雷発射管、工作機械その他を製造した。なお、後年、陸奥、長門、大和、武蔵などの巨艦の主砲をつくったのは、この日鋼室蘭工場である。

軍需工業がさかんになるにつれて、内外の「死の商人」たちと政治家、軍部官僚などとの腐れ縁、政治的腐敗もひどくなった。イギリスとドイツの「死の商人」ヴィッカースとシーメンスの両社と日本海軍の高級軍人とのあいだにおこった一九一四年（大正三年）の「シーメンス・ヴィッカース事件」には、首相山本権兵衛、海相斎藤実、藤井光五郎少将、三井物産重役岩原謙三、山本条太郎らが関係していた。このほか、川崎造船所と海軍とのスキャンダルも明るみに出た。

一九〇八年（明治四一年）には、寺内陸相のきもいりで「泰平組合」という組合がつくられたが、この「泰平組合」は陸軍の「不用」な兵器を安く払い下げ、これを外国（おもに中国）に高く売りつけるのを事業とする「死の商人」の組織だった。この組合に共同で出資したのは、三井、大倉、高田などの名うての「死の商人」である。

やがて第一次世界大戦が始まり、世界の兵器市場は空前のブームをきたした。連合諸国からは日本にたいする注文が殺到した。陸軍はこの注文をうけて陸軍工廠で生産をおこない、それらの軍需品を「泰平組合」をつうじて輸出した。戦時中、こうして「泰平組合」が輸出した兵器弾薬は年額六〇〇〇万円の巨額に達したという。

大戦のまっさいちゅうの一九一六年（大正五年）、第三七議会で、野党の政友会は、この「泰平組合」をめぐるスキャンダルを追及した。しかし、政府、与党、軍部は「軍機の秘密」を楯にして論議を封殺し、事件をウヤムヤに片づけてしまった。

吉野作造博士の『現代政治講話』には、某老政治家の話として、この「泰平組合」の巨額の利益は、山県、桂、寺内などの歴代の軍閥政治家、軍閥内閣の政治資金の源泉になっていた内幕話が収録されている。

吉野博士は書いている——「このような取引は道徳からいえばりっぱな不正であるが、法律上からは少しも私曲がないようになっているそうである。たとえば支那に武器を売る。官が直接売ってもよいのだけれども、いったん、これを泰平組合に払いさげる。安い値段であることもちろんである。これを高値で支那に売る。政府がその間いろいろ便宜をはかることはいうまでもない。泰平組合は大もうけする。そして、その利益が政府のある種の運動費に寄付されるのである」。

まったく驚いた話である。しかも、「泰平」を名にするとは人を食うにも程があるというものだ。

湧きたつ軍需ブーム

だが、日本の「死の商人」にとっては、明治、大正時代の軍需景気も戦時利潤も、その後の大盛況にくらべれば、まるでままごと遊びのようなものだった。

一九三一年(昭和六年)の満洲侵略、それにつづく本格的な中国侵略、そして最後に太平洋戦争にいたる昭和期の十数年こそ、日本の「死の商人」にとっては、まさに黄金時代であった。

J・B・コーヘンの『戦時戦後の日本経済』によると、日本の軍需工業は一九三〇年代後半に急速な発展をしめしている。「満洲事変」と「真珠湾奇襲」のあいだのほぼ一〇年間をへだてて艦艇の完成総トン数は一九三一年の二万二五〇〇トンから一九四一年の二二万五一五九トンと約一〇倍にはねあがり、この一〇年間の完成総トン数は合計七〇万一二九九トンに達した。戦車、装甲車の生産高は、同期間に一二両から二四六六両に、自動車のそれは五〇〇両から四万七九〇一両に、とそれぞれ激増した。「真珠湾奇襲」の年には、陸軍は四八六〇機、海軍は二一二〇機の航空機を保有し、しかも、この年の生産高は五〇八八機を数えた。武器の貯蔵量は九五個師団をまかなうに足り、弾薬のストックは五年分に及んだ。このような数字は、「満洲事変」から太平洋戦争にかけての急速な軍需生産の発展の一面を示すものだが、それは、また、「死の商人」の急速な成長ぶりの指標でもあった。

このころになると、日本の独占資本——財閥——は、その傘下の企業を急ピッチで戦時型に改編しはじめていた。たとえば、後に、航空機、船舶、各種兵器、弾薬を大量に生産し「戦争の重荷を支える最大の支柱」(日本産業経済新聞、一九四三年五月)となった三菱重工業が創設されたのは、一九三四年のことだった。三菱重工業の創業時の資本金は六〇〇〇万円だったが、一九三七年には倍額増資されて一億二〇〇〇万円になった。さらに、つづいて、一九四〇年には二億四〇〇〇万円、一九四二年には四億八〇〇〇万円、一九四五年には一〇億円と、資本金だけでも一一年間で約一七倍になった。

欧米でもそうだが、日本でも、軍需工業は、ますます、巨大独占体の支配下におかれた。なかでも、三井、三菱、住友、このビッグ・スリーは、あらゆる分野の軍需企業をその傘下にしたがえていた。また、財閥系の大銀行は巨額の軍事公債を引きうけていた。だから、猪俣津南雄は『軍備・公債・増税』(一九三四年)のなかでこう書いたのである——「読者諸君、もしも私が財閥だとすると、私は右手であなたに大金を貸し、その金を左手で受け取って軍需品を売ってやる。そして右手で何千万円という利子をつかみとり、一方、左手では何千万円という利潤をとるというわけだ」。

これが準戦時から戦時にかけての現代の「死の商人」、独占資本の雪ダルマ式肥り方の秘密であった。

前渡金——濡れ手で粟をつかむ

では、軍需ブームが「死の商人」たちのふところを肥やしたプロセスはどんなふうだったろうか。

軍需インフレの源泉である軍事費のなかから民間の軍需工業に支払われる部分は、陸軍八〇%、海軍七五%といわれていたが、その大半は「前渡金」、つまり前払いの形で支払われた。しかも、軍需品の発注高は、各企業の生産能力をはるかに超過するものだった。すでに一九三八年（昭和一三年）、つまり太平洋戦争の始まる三年前においてさえ、三菱重工業は生産能力の四・二一倍、池貝鉄工所は三・三一倍の未消化受注高をもっていた。満腹でうなっている人間の前に、これでもかこれでもかと御馳走をくれてやるようなものだ。

それればかりではない。軍需品の発注とこれにたいする支払いは文字どおりめちゃくちゃだった。たとえば、一九四五年（昭和二〇年）四月の会計検査院の臨時軍事費決算検査報告は、軍需品の価格査定、納入、前渡金支払いなどについて、法令に違反したもの五三件、五億二六〇〇万円を指摘し「措置よろしきをえない」と非難している。つぎに、この報告にあげられた二、三の実例をあげよう。

(1)　一九四四年（昭和一九年）四月、陸軍省航空兵器総局は興東特殊鋼株式会社という会社に自動車五〇台を発注、前渡金四三万円余を支払ったが、期日までに納入されたのはわずか一台だった。にもかかわらず、ひきつづいて同年一一月には五〇〇台、一二月には二二〇台、翌年一月には一六〇台と合計八八〇台の追加発注がおこなわれ、契約高の三分の二ないし一〇分の八に当る前渡金四一三万円余が支払われた。しかし、この会社は依然として製品をほとんど納入せず、敗戦までに納めたのはわずか三一台だった。六、七百台分に当る金を前取りしておいて納入したのがただの三一台とはデタラメさかげんもひどいものである。

(2) 契約にさいしておこなわれた価格の査定の乱脈ぶりもひどい。海軍経理部が東洋鑢伸銅株式会社にたいし原材料を支給して加工を請け負わせた○《マル》式金物（曲射砲甲一一年式榴弾）の加工賃は、造兵廠でやれば、一個わずか五円七〇銭のものが、何と四倍近くの二二円だった。

(3) 某航空機会社の一九四四年（昭和一九年）六月の決算によると、資本金三〇〇〇万円にたいし、「兵器等製造事業法」による官設備は一億円、前渡金は二億三四〇〇万円、つまり自己資本は総額のわずか八・二％にすぎなかった。

(4) 三井化学の子会社「日本化工」は軍と結びついて防毒面の加工をひきうけ、払込資本金の一六〇％に及ぶ利益をあげた。

軍需生産の花形、航空機産業における「前渡金」の大きな比重は第6表のとおりだが、戦争が長びくにつれ、「前渡金」は年々増加の一途をたどり、それは敗戦直前には、三菱重工業一社だけでも一三億円に達した。昭和一八年上半期には、主要軍需会社の外部負債は自己資本の二倍以上にのぼったが、そのうち臨時軍事費の前渡金（買上未決算、前受金、仮払金等の大部分をふくむ）は圧倒的で、航空、造船、機械の三大軍需部門では、その比重は五〇

第6表　主要航空機会社の政府前渡金額と総資本にたいする比率

	1942年上半期		1942年下半期		1943年上半期	
	百万円	%	百万円	%	百万円	%
三菱重工業	842	54.5	1,232	63.5	1,279	59.1
中島飛行機	242	28.8	406	39.1	527	37.2
川崎航空機	44	35.3	139	60.2	176	51.8
川西航空機	38	20.0	88	34.0	146	39.3
立川飛行機	39	42.6	55	38.0	67	34.0
日立航空機	16	19.6	39	34.2	38	27.8

—七〇％に及んだ。

「空だ、男の征くところ！」

「空だ、男の征くところ！」、「一機でも多く！」——太平洋戦争中、軍国主義者たちは、このようなヒロイックなアピールで純真な青少年を特攻隊や予科練に駆り立てたものだった。だが、航空機部門の「死の商人」たちは、「一機でも多く！」のスローガンを別の意味で歓迎した。他ならぬ巨額の利潤のためにである。

第7表が示すように、太平洋戦争の五年間の航空機生産高の七二・四％までは、中島、三菱、川崎、立川、愛知の五大航空機メーカーに集中していた。五大メーカー以外の民間一一社と陸、海軍航空廠の生産高はいずれも五％以下だった。戦闘機用機体の八八％は五大メーカーによって占められ、しかも、その六〇％までは中島と三菱のものだった。中島と三菱は発動機の分野でも群を抜き、発動機生産高の三分の二は両社の占めるところだった。プロペラ生産は日本兵器と住友がほとんど独占していた（九二％）。

(単位：100万円)

1943年	1944年	1945年	合　計
4,646(27.8%)	7,896(28.0%)	4,019(36.3%)	19,561(28.0%)
3,546(21.2%)	4,176(14.8%)	1,153(10.4%)	12,513(17.9%)
1,984(11.9%)	3,655(13.0%)	827(7.5%)	8,233(11.8%)
1,289(7.7%)	2,186(7.8%)	895(8.1%)	6,662(9.5%)
997(6.0%)	1,496(5.3%)	502(4.5%)	3,627(5.2%)
15,679 —	27,238 —	10,714 —	67,184 —
648(3.9%)	639(2.3%)	259(2.3%)	1,700(2.4%)
366(2.2%)	303(1.1%)	93(0.8%)	1,004(1.4%)
1,014(6.1%)	942(3.4%)	352(3.1%)	2,704(3.8%)
16,693(100%)	28,180(100%)	11,066(100%)	69,888(100%)

機、日本国際航空機、川西航空、その他の11社を含む

ところで、航空機生産における「死の商人」の活躍ぶりは、中島知久平と中島飛行機の歴史をひもとくことなしには明らかにならないだろう。

退役海軍軍人中島知久平が日本最古の航空機会社の一つ「中島飛行機製作所」を創立したのは第一次世界大戦のさなか、一九一七年のことだった。はじめ、中島は三井財閥の融資をうけて中島式飛行機の生産に従事したが、最初の二〇年間はうだつがあがらなかった。一九三四、五年ごろ、三つの会社を傘下にしたがえるようになったころでさえ、中島飛行機の資本金は二〇〇〇万円にすぎなかった。

だが、一九三六、七年ごろから、つまり日本帝国主義の中国にたいする侵略戦争が始まったころから局面は一変する。

第7表　5大航空機メーカーの地位（生産高と比重）[1]

	1941年	1942年
中島飛行機	785(15.4%)	2,215(25.0%)
三菱重工業	1,397(27.5%)	2,241(25.3%)
川崎航空機	733(14.4%)	1,034(11.7%)
立川飛行機	1,048(20.6%)	1,244(13.8%)
愛知航空機	255(5.0%)	377(4.3%)
民間工場計[2]	4,980　—	8,573　—
海軍航空廠[3]	43(0.8%)	111(1.3%)
陸軍航空廠	65(1.3%)	177(2.0%)
軍航空廠計	108(2.1%)	288(3.3%)
総　　計	5,088(100%)	8,861(100%)

1)　航空兵器総局の資料
2)　５大メーカーの他、日本航空機、九州飛行
3)　海軍航空廠は4工場

一九三八年、中島飛行機の資本金は二・五倍の五〇〇〇万円に増資された。中島知久平は興業銀行から三〇〇〇万円の資金を借り入れて増資分をみずから保有した。

ついでながら、太平洋戦争中、半官半民銀行の興銀が中島飛行機に与えた融資は実に二五億円、つまり中島飛行機の資本金の五〇倍に及んだ。アメリカの戦略爆撃調査団の報告書が「中島飛行機会社の歴史は、直接の補助金、減免税その他の形態で与えられた気前のいい政府助成金の助けで行われた日本における近代航空機工業の発達の歴史である」とのべているが、まことに適切な特徴づけである。

敗戦直前には、中島コンツェルンの公称資産額は三四・九三億円となり、一方、興銀にたいする債務も三三・七四億円に達していた。このような興銀のおしみなき援助によって、中島は、創業以来の三井の後見から自立したばかりでなく、航空機部門での強敵三菱重工業と張りあい、ついには、三菱を抜くことさえできたのである。

では、なぜ、中島にはこのようなことができたのであろうか。それは、彼が航空機コンツェルンの支配者であっただけでなく、反動的なブルジョア、大地主の政党、政友会の領袖であり、軍閥にもっとも近いグループの指導者だったからである。つまり、中島は、極端な軍国主義者、侵略主義者であり、同時に「死の商人」であった。

中島知久平の政治家としての経歴は、このことをよく物語っている。中島は、一九三〇年二月、はじめて代議士になり、一九三七年六月には第一次近衛内閣の鉄道大臣になった。一九三九年四月、政友会総裁、一九四〇年一〇月、内閣参議、一九四〇年一一月、「大政翼賛会常任顧問」、一九四二年二月、「大東亜建設審議会議員」、一九四三年三月、「翼賛政治会顧問」。そして、中島知久平は、一九四五年八月には軍需大臣の椅子に坐る。

第7表が明白に語っているように、中島飛行機は、太平洋戦争のあいだに宿敵三菱重工業に追いつき追いこし、戦争末期には三菱の二―三倍の生産高をあげて航空機業界の王者となった。

一九四四年、航空機工業界の王座を争った中島、三菱の両者は、軍需省立会いのもとで、「ナワバリ協定」を結び、三菱は西日本の全航空機工場を、中島は東日本のそれを（川崎航空機系をのぞいて）それぞれ傘下に系列化することになった。こうして、中島コンツェルンは、日本最大の九つの航空機工場を支配し、二五〇〇の関連企業をしたがえ、「満洲事変」当時には皆無だった子会社を六八も持つようになったのである。この間、わずか一〇年間である。

「（傘下）六八社の払込資本金額、およびこれらの資産総額では、なるほど中島は四大コンツェルン（三井、三菱、住友、安田）の五分の一ないし四分の一の力しかなかった。しかし、戦争放火者として、また、戦争を利潤の多い企業にした巨頭としての軍需工業における役割からいえば、中島は、日本の戦争犯罪人の被告席で完全に第一席を占める」（ペブズネル『日本の財閥』）。

敗戦の年のくれ、中島は、米軍に逮捕されたが、「証拠がない」という理由で数週間後には釈放された。

フェニックスは羽ばたく

一九四五年のはじめから、軍需工場の国営化の動きが始まった。一九四五年はじめといえば、B29の戦略爆撃が激化し、軍需工場がつぎつぎに灰と化しつつあったときである。また、軍需工場の工員、徴用者のあいだに厭戦気分や労働不安がようやく濃くなってきたころである。

軍需工場の国営化のねらいは、一つには、爆撃でこうむった損害を国家の手で補償させ、また、一つには、労働不安を国家権力、つまり憲兵のピストルとサーベルでおさえつけようというところにあった。

一九四五年四月一日、「軍需工廠官制」がついに公布・実施された。これによって、軍需工廠に指定された民間軍需工場は、戦争のつづくあいだ国家に「賃貸」されることになり、また、軍需工廠の国家管理は独占資本支配下の「経営管理機関」を介しておこなわれることになった。

軍需工廠の第一号になったのは最大の航空機コンツェルン中島飛行機であった。ついで、川西航空機が第二軍需工廠になった。

敗戦直前から直後のドサクサのあいだにおこなわれた「死の商人」にたいする未払金の支払いや補償も見逃すことのできないものである。未払金といっても、実際に軍需物資を納入したその未収代金をもらうのではなく、発注された製品の代価にたいする支払いである。まだ、納入もされず、生産さえもされない幽霊製品に代価を支払わせたのだから驚いた話である。いわゆる「軍需補償」、つまり戦争被害にたいする損失補償は当時の金で総額五〇〇億円といわれ、そのうち二〇〇億円は、敗戦直前から直後にかけてのドサクサのおりに支払われた。もう一つは、「軍需品放出命令」にもとづく軍需物資その他の収奪、隠退蔵である。「日本の平時経済を四年間支えるに足る鉄、鋼鉄、アルミニウムをふくむ数十億ドルの軍需物資は五大財閥の手にわたった」(USニューズ誌の調査。同誌、一九四八年一月二日号)。最大の飛行機コンツェルンの指導者、かつての軍需大臣、そして敗戦直後の東久邇内閣の商工大臣中島知久平のひきいる中島飛行機が群馬県下に隠匿した物資は当時の公定価格でじつに七億円にも及んだ。

敏腕な米人記者マーク・ゲインは『ニッポン日記』のなかでこう書いている――「財閥はいっこう閉口していないと私に保証してくれた人がいた。一つには、彼等は敗北を予想してそれに備えていたというのだ。いよいよ敗戦となるや、その膨大な原料や製品や機械は隠匿され、占領の終る日に取り出されるのを待っている。もう一つの緩衝策は『補償』——あらゆる種類の戦災による損失にたいする政府の保険——である」と。

敗戦の焼土と灰の中で、不死鳥フェニックスは羽ばたき始めていたのである。

星条旗のもとで

「それ（長崎の三菱造船所を見せること）はできません。あそこは、いま、軍需工場なのですから」

「軍需工場ですって？　日本には、まだ、軍需工場があるのですか？」

「いや、あれはアメリカの軍需工場です。ともかく、長崎の三菱造船所を見せるわけにはいきません」

「それでは仕方ありません。しかし、アメリカ人が日本に軍需工場を持っているというのはセンセーショナルなニュースだと申しあげねばなりませんね。それは、長崎だけですか。それとも、日本の全都市にあるのですか」

この奇妙な対話は、敗戦直後の日本を取材にやってきたソ連のクルガノフ記者が、長崎の三菱造船所の視察を申し込んでことわられたときのアメリカの陸軍少尉マックロイとの対話の一コマである（クルガノフ『日本にいるアメリカ人』モスクワ、一九四七年）。このエピソードは、ＩＧファルベンのルードウィッヒスハーフェンの工場が戦後ひそかに爆発物をつくっていた例のエピソードを想起させる。

「ポツダム宣言」は、日本軍の武装解除、戦犯の処罰、再軍備に役立つような軍需産業の破壊等を世界の平和愛好人民の名においておごそかに規定していた。敗戦日本では、だから、軍国主義者、「死の商人」の勢力は当然除去されるはずであった。

だが、日本の戦犯の処罰は、ドイツのそれよりも、もっと骨ぬきであった。ドイツでは、クルップ、IGファルベンなどの「死の商人」は一応戦犯として逮捕、訴追、処刑された（第Ⅲ、Ⅳ章）。ところが、日本では、前述のように、戦犯ナンバー・ワンの中島知久平が「証拠がない」と無罪釈放されたのをはじめ、財閥関係者はただの一人も戦犯に指定されさえもしなかったのである。この意味では、「東京裁判」は、侵略戦争の真犯人を陰蔽する茶番劇だったともいえよう。東条英機以下の軍国主義者、侵略主義者たちは、なるほど断罪されたが、「戦犯」はそれで一掃されたことになってしまった。前述のクルガノフ記者が「不安と腹立たしさに包まれ」ながら、「この東京法廷は金属王や石炭王、日本の全国富の所有者たちをかくすヴェイルである」と非難したのも理由のないことではない。

「死の商人」たちは、戦犯として処罰されなかっただけではなかった。経済の非軍事化、つまり軍需生産のシステムの破壊こそ、軍国主義、侵略主義の土台を一掃するための基本的な措置であるはずだった。ドイツでは「非カルテル化」、日本では「財閥解体」が占領政策の重要な柱としてかかげられたのはそのためだった。なぜならば、「（財閥に支配された）戦前の日本経済の組織は、少数者の利益のために多数者の搾取をゆるすものであり……終局的には戦争と破滅にみちびく」（マッカーサー元帥）ものだったし、「財閥は軍国主義者と同じく日本の軍国主義の責任者であるばかりでなく、軍国主義によって莫大な利益をおさめた……財閥が解体されなければ、日本人は自由人としてみずからを支配しえない」（アメリカ賠償使節団長エドウィン・ポーレー）からだった。

だが、アメリカの「死の商人」の圧力のもとに、GHQは占領直後から、もう財閥解体をサボタージュしはじめた。やがて、一九四八年初に陸軍次官ウィリアム・ドレーパー（ディロン・リード商会副会長）がやってきて「経済力集中排除」政策を「促進」し、集中排除の対象とされた三三五社の九四％を無傷のまま残すことにしてしまった。ドレーパーは、ドイツの「カルテル解体」をサボタージュした同一人物である。

終戦後五年、やがて朝鮮戦争が始まった。朝鮮戦争勃発とともに、日本は、たちまち、アメリカの軍事基地、補給基地になった。「特需」という名のアメリカの軍需注文が洪水のように押しよせ、数百億円もあったストックは一掃され、繫船されていた約八〇万トンの船舶も米軍にチャーターされた。「特需」は月平均一〇〇億円に及んだ。戦争第二年目には、早くも、禁止されていた兵器生産が公然と許可されるにいたった。

こういう「特需ブーム」のなかで、旧三菱重工業、旧中島飛行機などの航空機会社、旧日本製鋼所、日立製作所などかつて日本軍国主義の土台だった企業がいっせいに活動を再開し、巨額の利潤を記録した。さらに、朝鮮戦争勃発とともに誕生した警察予備隊（現在の自衛隊）は、日本再軍備の道をひらき、同時に、その装備をまかなう軍需産業復活の展望をひらいた。こうして、旧・新安保条約のもとに、日本の「死の商人」は、アメリカの「死の商人」の指導と援助のもとに早くも復活しつつあるのである。

一九六二年春、新三菱重工（旧三菱重工業）の名古屋工場で組み立てられた超音速ジェット戦闘機ロッキードF－104Jの一番機が飛び立ったころ、アメリカの兵器調査団が日本にやってきて、日本の軍需生産能力をくわしく調査した。それは、韓国、台湾、南ヴェトナム、ラオスなどのアメリカのカイライ軍隊の武装をさらに一層強化するために、日本の「死の商人」に特別の役割を与えるためであった……。

すでに、このころには、日本製の武器は、アジアの危険地帯に姿を現わしていた。一九六一―六二年、戦火もえさかるラオス戦線には、日本の「死の商人」がつくった一〇二ミリ砲、無反動砲の砲弾や軍用ジープ、トラックが出現した。箱にはられた「取扱注意」の日本字の札が印象的だった……。

ロッキード　F-104 J

Ⅶ　恐竜は死滅させられるか

一人の馬鹿が道ばたに立って、槍や火縄銃を肩にかついだ一隊の軍勢が行進してくるのを見ていた。兵隊がすぐそばを通りかかったとき、馬鹿はたずねた——
馬鹿——「みなさんは、いったい、どこからおいでですか」
兵隊——「平和からだ」
馬鹿——「どこへ行くのですか」
兵隊——「戦争へさ」
馬鹿——「戦争で何をするんですか」
兵隊——「敵を殺したり、敵の町を焼いたりするんだ」
馬鹿——「なぜ、そんなことをするのです」
兵隊——「平和をもたらすためにさ」
馬鹿——「はて、おかしなこともある、平和からやってきて戦争に行く、それも平和をつくるためにだと。なぜ、はじめの平和に止っていないんだろう」

——中部高地ドイツの伝承寓話

生きている恐竜

第二次世界大戦がたけなわな一九四三年五月、アメリカの評論家ウィリアム・アレン・ホワイトは、「有力な大会社が戦線の両側で活動していること」、「これらの巨大な独占体が、戦争を私的な致富の種に利用していること」に憤激して、つぎのように書いた——「これらの軍需工業独占体の国際的結合は、ものすごい力をもち、しかも、一片の道義心をも持ちあわせぬ恐るべき恐竜、怪竜の類である。彼等は、この巨大な爬虫類がはるか昔死滅したと信じられている現代でも、なお、キリスト教文明のうえにのしかかり、我物顔で世界を徘徊している」。

ホワイトが、「死の商人」を「生きている恐竜」、「生きている怪竜」にたとえたのは、まことに適切だといわねばならぬ。たしかに、これらの恐竜、怪竜は、まだ現代に生きており、その恐ろしい赤い舌の先から、たえず戦争の脅威を吐き出しているのである。

リチャード・サシュリーが『IGファルベン』という本を出版したとき、当時アメリカの上院でその人ありと知られていた正義派の議員クロード・ペッパーは、この本に寄せた序文のなかで書いた——「IGファルベン、およびIGファルベンがもっともダイナミックな標本を提供しているこの種の国際カルテルの慣行は、今日、なお、われわれのまわりに存在している。世界は、まだ、第二次世界大戦の死者の数を数え切っていないというのに、これらの国際カルテルは、もう、世界平和にたいする新しい脅威となっている」。

たしかに、戦時、終戦直後のこのようないくつかの警告は真実をふくんでいた。これらの恐竜や怪竜は、古くは普仏戦争、近くは第一次世界大戦、さらに第二次世界大戦にかけて、ずっと猛威をたくましくしてきた。第二次大戦後にも、やはり、同様であった。いや、もし

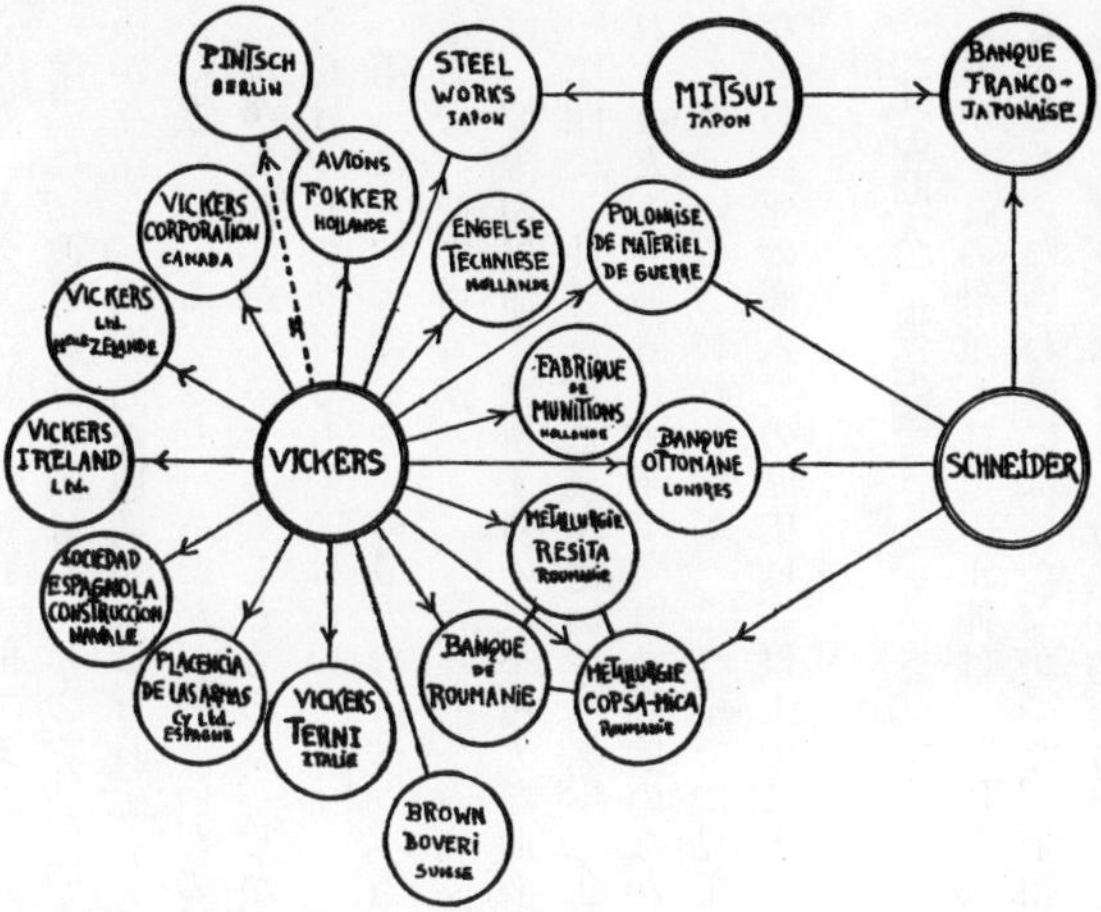

「死の商人」の国際的連繫。ヴィッカース（英）、シュナイダー（仏）、三井（日）など「死の商人」のタコの足のようなつながりを示す（1930年代）

も、われわれが充分警戒を払わないならば、彼等は、第三次世界大戦をさえひきおこすかもしれない。

　さて、われわれが、これまで検べてきたところによると、この恐竜、怪竜、つまり「死の商人」の生態は、ほぼ、つぎのようなものであった。

　まず、第一に、彼等には、祖国というものがあるようでない。彼等にとって、何よりも大切なのは利潤であって、愛国心とか、隣人愛とか、人道主義とかいうものは無用の長物である。その結果、戦いをまじえている両方の陣営に武器を提供するというような、ちょっと考えると矛盾することでさえ、彼等にとっては、いささかも矛盾ではないし、それどころか、その方がはるかに合理的であった。

第二に、彼等には祖国はないが、「死の商人」同士のあいだには、きわめて緊密な結縁関係が存在し、国際的な連携が維持されている。むろん、「死の商人」が資本主義の原則のうえに立っているかぎり、おたがいのあいだの競争や弱肉強食はもちろんあるし、ときには、これが尖鋭なかたちをとることもある。しかし、このことは、他面における彼等の国際的結合をけっして妨げるものではない。

第三に、彼等にとっての最大の敵は、本当の意味の平和――ことばのうえだけの「平和」ならば、彼等自身がかえって口にし、いな強調さえすることもある――である。なぜならば、彼等の生命を維持するのに不可欠な血液は、戦争ないし戦争準備であるからである。

第四に、彼等は、これまでのところ、「不死身」であった。彼等の属する国家が戦争で敗れようとも、彼等は戦争で荒れた廃墟のなかから、フェニックスのように、いつでも、蘇生してきている。われわれが、これまでに見てきた、クルップやIGファルベン、日本の財閥などの「死の商人」の歴史は、以上のことを裏書きしているようである。

「死の商人」退治論

だが、この恐竜、怪竜の正体は、時代が進むにつれて、しだいに、人々の眼のまえに、明らかにならないわけにはいかなかった。平和と正義を愛する人々は「死の商人」を攻撃し始めた。アブラハム・リンカーンのように、「こういう悪魔のような事業家どもは、頭のどまんなかをブチ抜いてやる必要がある」と憤慨して叫んだひともある。ルヨ・ブレンターノ教授のように、「死の商人」が数々の悪事をするのは、軍需工業が民間経営にゆだねられていることが原因だから、軍需工業を国有化して、この弊害を除くべきであるといったひともある。

では、「死の商人」を退治すべきであるとする人々は、具体的には、どんな方法を考えていたのであろうか。

ある人々はこういった——「死の商人」を退治するには、軍需工業を国有化ないし国営化するのが一番だ、なぜならば、こうすれば、戦争の大きな原因になっている国際的な武器の販売を制限できるからだ、と。

だが、たとえば、ヒトラー治下のナチス・ドイツや一九三〇—四〇年代の日本では、軍需工業も、名目上、国家統制のもとにおかれていたはずなのに、そこでクルップやIGファルベン、また、財閥が何をやったかという事実に照して見れば、国有や国家統制が問題を根本的に解決しなかったことが分る。問題は、だれが国有化の主体になるかによってきまるのである。「死の商人」が主体であるかぎり、彼等が自分の手で自分の息の根をとめるはずはない。

また、あるひとはいった——国際管理がもっともいい方法である、と。この思想も古くからある。たとえば、一八九〇年のブリュッセル会議はアフリカへの武器の輸出を禁止した。だが、これは、完全に失敗した。その証拠に、一八九六年、エチオピアは、有名なアドワの戦いでイタリア軍を破ったが、このエチオピア軍の武器は、仏領ソマリーランドをつうじて密輸入された英仏製の武器だったのである。また、第一次世界大戦後に国際連盟がやろうとした武器、軍需品の移動の国際管理がやはり同様な苦い経験をふんでいる。

では、なぜ、このようなやり方は、うまく行かなかったのだろうか。「死の商人」がその代弁者をつうじて猛烈な圧力をかけたからである。つぎにその一例をあげよう。一九三〇年に米、英、日三国は海軍軍備制限条約に調印した。この条約は、建艦競争を一時制限しようという内容をもっていた。当時のアメリカ大統領ハーバート・フーヴァーは、上院にこの条約の批准を求めたが、このとき、突如として猛烈な反対運動がおこった。反対運動の主力は「海軍連盟」という団体だった。「海軍連盟」は、この条約は「アメリカの安全保障を危地におとし入れる」という理由から猛烈な反対運動をくりひろげた。

この「海軍連盟」の実体は何だったか。「海軍連盟」は、表面上は、軍縮反対論者、大海軍必要論者の個人的なグループのような外見を呈していた。だが、クロード・タヴェナー議員が議会で公表した調査の結果によると、この連盟の発起人には一八名の人物と一つの会社がなっており、その会社というのは、政府が二〇〇〇万ドルの装甲板を購入したことのあるミッドヴェイル鉄鋼会社であり、個人の発起人のなかには、装甲板その他の軍需品をつくっているベスレヘム・スティールの社長チャールズ・シュワッブ、海軍からの大量注文で巨大な利益をあげているUSスティールのJ・P・モルガン、砲弾の生産に必要なニッケルを独占しているインタナショナル・ニッケルのR・M・トムプスン、前海軍長官で退官後カーネギー・スティールの顧問となったB・F・トレーシイなどが名をつらねていた。つまり「死の商人」たちが、「海軍連盟」をつくり、これをつうじて、軍縮に反対したわけである。

「死の商人」は反駁する

それにもかかわらず、「死の商人」にたいする非難の声は、時代が進むにつれて、しだいに大きくなってきた。これは、「死の商人」にとっては、見のがすことのできぬことである。なぜならば、「死の商人」たちは、自分の本質を見破られることを極度に恐れるからである。だから、彼等は、自分の息のかかっている新聞、雑誌、ラジオなどをつうじて、本当の平和の擁護者たちを徹底的にやっつけようとする。そのばあい、「死の商人」たちは、いかにも、自分たちだけが「愛国者」であり、自分たちに敵対するものは「売国奴」、「妄想狂」、「空想家」、「赤」であると、口をきわめて非難するのである。

たとえば、「死の商人」の反対者たちが、「『死の商人』は極悪非道の悪漢である、かれらは世界平和に挑戦し、戦争を誘発する、科学や技術の進歩を人類の幸福のためにではなく、人類の破滅のために利用する非人道的、反社会的な徒輩だ」と非難するのにたいして、「死の商人」たちはどう答えたであろうか。

「自分たちは悪漢でも何でもない、自分は単に実業家としての慣行にしたがって取引をしているだけだ。たまたま、自分が武器を取引するためにとんだ非難を受けるが、自分たちと乗用自動車のセールスマンといったいどこがちがうのだ」。これが「死の商人」の答えの一つである。

あるイギリスの「死の商人」は、こういった――「住宅建築会社では、さかんに結婚を奨励する運動をおこなっている。それはたくさんの新夫婦ができれば、それだけ住宅の需要が生ずることになり、会社はもうかるからだ。われわれが戦争をそそのかしたり、戦争を歓迎するのも、まったく同じ理窟なのだ」、と。言いも言ったりである。彼は、また、こう言う――

「われわれが戦争の責任者だというのは、とんだ濡れ衣である。軍需工業が戦争を生むのではなくて逆に戦争の体制自体が軍需工業を発展させるのではないか。国際的紛争の最後の解決の手段として戦争行為を正当化している現代の文明社会そのものこそ、戦争の窮極の責任者なのだ。現に、戦争をしでかす当事者は、われわれではなくて、政府であり、議会ではないか」。

さらに、彼は、一歩進めて、つぎのように開き直るのである――「いったい、宣戦布告をする権限はだれの手のなかにあるのだ。世界のほとんどすべての国々の憲法は、宣戦布告の大権を政府ないし議会にあたえているではないか。われわれを非難するのなら、なぜ、こういう憲法そのものを非難しないのか。さらにまた、政府自身が、ナショナリズム、ショーヴィニズム、経済対立、領土的野心、軍国主義などをあおっていないといえようか。してみると、これらの要因とわれわれと比較したばあい、どちらが、戦争にたいする権限を多くもっているだろうか」。

これはこれなりに筋の通った議論である。だが、クルップやIGファルベンが、どのように、うまうまとヒトラーをたらしこみ、ナチス・ドイツ政府を侵略戦争の道具に仕立てたかは、われわれが、すでに知ったとおりである。このような議論は、たくみに組み立てられた詭弁でしかない。資本主義社会では、「死の商人」と政府、議会は相対立する別の存在ではない。とくに現代では、「死の商人」、つまり独占資本は、国家機構を自分の道具として駆使しているにおいてをやである。

「死の商人」は、また、別の詭弁をつかう。それは、自分こそが「平和の友」であるかのようによそおうことである。

有名な「ダイナマイト王」アルフレッド・ノーベルは、「ノーベル平和賞」の制定者として、こんにちでも世界中に名がとどろいている。アンドルー・カーネギーは「カーネギー平和財団」を創立し、軍備がいかに平和を脅かすかを説いたパンフレットを世界中にばらまいた。チャールズ・シュワッブは、「もしも世界平和がもたらされるというのならば、よろこんで自分の装甲板工場を閉鎖しよう」と宣言した。デュポンは、「全世界が戦争に反対するならば、これほど満足なことはない」といった。このようなことばは、はたして、「死の商人」たちの本音であろうか。

彼等が内心でたえず要求している「戦争」は、彼等の論理では、まさに「平和」そのものからみちびき出される。そのことは、この章のはじめに引用した中部高地ドイツの寓話が、いみじくも指摘しているとおりだ。かれらが、好んで用いる論理は、「平和は戦争準備によってのみ確保される」、「安全保障は武力のうらづけなしにはありえない」というものである。この論理は、第一次、第二次両世界大戦前にも好んで用いられたし、現在では「力による平和」、「軍縮のための軍備」などの新装をこらして再登場している。

また、大量殺戮兵器をつくり出すこと自身が、その大量殺戮の脅威によって戦争をなくす結果を生むのだ、とかれらは主張する。たとえば、つぎのようなエピソードは、どうだろう。

一八九二年に、「ダイナマイト王」アルフレッド・ノーベルは、『武器を捨てよ』の作者ベルタ・フォン・ズットナー女史とチューリッヒ湖畔で会見した。ノーベルは、湖畔にならんだ絹織物業者たちの豪華な別荘を指さしながらいった――「あの別荘はみんな蚕がつくり出したものですね」。平和運動に従事していた貧乏な作家ズットナー女史はこたえた――「ダイナマイト工場は、絹織物工場よりも、もっともうかり、しかも、もっと罪悪でしょうね」。だが、ノーベルは確信をもって語ったのである――「わたくしの（ダイナマイト）工場は、たぶん、あなたがたの運動よりも、ずっと早く戦争を絶滅させるでしょう、というのは、対抗する両軍が一秒間に全滅させられるような爆発物ができたら、文明国民はきっと軍隊を解散するにちがいないから……」。

だが、ノーベルのダイナマイトより数十、数百万倍も強力な原子爆弾が生れ、さらに、その何百倍もの破壊力をもつ水素爆弾ができても、ノーベルの予想は実現しなかった。逆に、「死の商人」たちはノーベルの論理を「核抑止力」などという現代的な表現で再生し、巨額のドルを汲み出す源泉にしているのである。

恐竜の死滅

では、このような怪物を退治することは、はたして不可能なことだろうか。戦争とその原因とを根絶し恒久平和を確立したいという人類の熱望は夢でしかないのであろうか。

オットー・レーマン・ルスビュルト教授は、今から七〇年も前に書いた——「わたくしは、自分が全然悲観的だという印象をあたえることは望んでいない。なぜかといえば、わたくしは、前方に横たわる膨大な任務を見て、意気がくじけているわけではないからだ。わたくしたちは、このことに関連して、つぎのことを思い出すべきである——食人、奴隷制、農奴制、拷問などの野蛮な慣行は絶滅させられた。しかも、最初これらに反対した人々は馬鹿だとか、犯罪者だとかいわれてさげすまれ迫害されたにもかかわらず、これらの野蛮な慣行はついに廃止されたのである。この事実を想起すべきである」。

また、これまで、たびたび引き合いに出したエンゲルブレヒト博士は、第二次世界大戦前につぎのように言っていた——

「空は、ふたたび、低くたれこめた戦雲で曇り、黙示録の四騎士は、またも馬にまたがり、破壊と死とを馬蹄のあとに残すべく疾駆し始めようとしている。だが、戦争は人間がつくり出すものであり、同時に、平和も、もしそれが到来するとすれば、やはり、人間の手でつくり出されるものである。だから、戦争および軍備をつくり出すものの挑戦にたいして、良識ある人々、目ざめた人々は断じてこの挑戦を避けてはならぬことはたしかである」。

これらの良心的な学者たちがいったことは正しい。それは、現在でも妥当性をもっている。たしかに、戦争は人間がつくるものである。人間がつくるものならば、つくらぬようにすることもできるはずである。だから、エンゲルブレヒト博士が、「死の商人」の挑戦に応えて立ちあがり、戦争の息の根をとめ、平和を自分の手でつくり出せ、と訴えたのは正しいといわねばならぬ。「死の商人」は、むろん、こういう「不逞のやから」を、「馬鹿」だとか、「赤」だとか、「犯罪人」だとかというであろう。しかし、その「馬鹿」や「犯罪人」が数千人も、数億人もおり、しかも組織されているならば、また、「馬鹿よばわり」や「犯罪人よばわり」にもめげず、断固として行動するならば、まさに、平和は、これらの「馬鹿」や「犯罪人」、つまり人民がつくり出すのである。

あとがき〔一九六二年改訂版への〕

月日の経つのは早いもので、この本の旧版である「死の商人」が刊行されてから、この「改訂版」が出るまで、ちょうど一一年半になる。「死の商人」の初版第一刷は、一九五一年二月に発売され、その後十数回版を重ねたが、五年ほど前に、とうとう紙型が磨滅してしまい、事実上絶版になってしまっていた。むろん岩波新書編集部からは、新しく活字を拾い直す機会に若干の改訂、増補をおこなって、「改訂版」の原稿を書くようにとの要求が出された。それに応諾しながら、ずるずるべったりにもう五年も経ってしまった。それというのも、私が、いわば「死の商人」との対決をめざす平和運動や原水爆禁止運動、あるいは、また、アジア・アフリカ連帯運動に、柄にもなく「突入」して、ほとんどひまがなくなってしまったためである。数年間、精神的にも肉体的にも「過度緊張」の状態で背のびした月日をすごした因果で、とうとう健康をそこね、当分は大衆運動の仕事のような健康に無理のかかる仕事はできぬ羽目になってしまった。そこで、前線から第二線に後退して休養しているあいだに、ようやく、この「改訂版」の原稿をまとめる可能性が生れたわけである。

旧版「死の商人」を私は朝鮮戦争勃発の年の猛暑の中で書き、晩秋になってやっと完了した。一九五〇年といえば、いうまでもなく、日本は、まだ連合軍（米軍）の占領下におかれていた。アメリカは、日本の平和、民主勢力、また言論に大きな圧力を加えていた。「旧版」の最後の部分には、もともと「ストックホルム・アピール」(原爆禁止署名)や世界平和運動のことを書くつもりでいたが、この本に陽の目を見さすためには、それも割愛せざるをえなかった。旧版の「まえがき」の最後に、「いろいろの事情から、意に満たない表現や、言及すべくしてできなかった箇所が少なからずある」ことについて読者の諒承をおねがいした真相はそこにあったが、それも、当時は、このようなまわりくどい表現でしかのべられなかったのである。

だが、そのような奇怪な事情を伏在させていた内外の情勢こそ、私に「旧版」の「死の商人」を書かせ、そして、何とかして読者の眼にふれさせたいと決意させた契機なのであった。「旧版」の「まえがき」に、「世界は、いま、またもや戦争の影におびえている。もしも第三次世界大戦が、不幸にして起るようなことがあったら、それは、人類を破滅させるような惨禍をくりひろげるだろう」と書いたのは、「死の商人」のアメリカが朝鮮戦争のなかで、原爆戦争をもいとわぬ冒険主義的挑発にのり出していた危険をさしていったのである。私は、戦争の黒幕である「死の商人」の本質と実態をあばき、それによって、一人でも多くの人びとが戦争のからくり、戦争と「死の商人」、独占資本主義、帝国主義のかかわりあいを知り、平和を守る世論とたたかいをくりひろげるようにと念願しつつ「旧版」を書いたのだった。

当時は、欧米ではともかく、日本では、まだ、「死の商人」ということばさえ、一部の専門家、学者以外には、ほとんど知られていなかった。ところが、一一年後のいまではどうだろう。「死の商人」ということばは、何十万、何百万の平和愛好者、原水爆反対者などのあいだに広く知られている。ということは、この間、日本の平和運動一般、また、原水爆禁止運動、軍事基地反対運動、全面軍縮実現運動等が画期的発展をとげたことの一つのしるしである。

この「改訂版」が出るころには、「全面的軍縮と平和のための世界大会」がモスクワでひらかれて、核戦争阻止と全面軍縮実現をめざす世界人民のたたかいが新しい段階に進んだことであろう。ラオスや南ヴェトナム、台湾海峡その他で帝国主義の戦争挑発が依然おこなわれ、しかも、新安保体制下の日本がそれに巻きこまれる危険はあるが、にもかかわらず、戦争を阻止する力は、国の中でも外でも飛躍的に成長してきている。人類は、いまや、「死の商人」に最後の一撃を与え、全面軍縮を達成する大きな展望と、つよい確信とをもつところまできたのである。「旧版」執筆のころにくらべて、まことに感慨無量である。

さて、つぎに、この「改訂版」の構成について、二、三のべておきたい。

この本では、まず、「死の商人」とは何かということから始めて（第Ⅰ章）、つぎに、古今東西のおもな「死の商人」の経歴、活動のあらましを紹介し（第Ⅱ章―第Ⅵ章）、最後に、「死の商人」は滅亡するかどうかということにまで及んだ。

むろん、この本は、学問的な労作ではない。資本主義、あるいは独占資本主義と戦争、ないし軍需生産、経済の軍事化などにかかわる諸問題を理論的にとりあつかった本ではない。

いってみれば、この本は、内外の「死の商人」の物語であり、しかも、実話である。ザハロフとか、クルップとか、ＩＧファルベンとか、日本の財閥とか、代表的な「死の商人」をえらんで、それらの歴史的系譜をたどってみたのがこの本である。読者のみなさんには、そういう意味で、軽い気持で読んでいただきたいのである。もっとも、「死の商人」の活躍にかんする実話の内容は、けっして、「軽い気持」で読み流すことなどできないものではあるが……。

このように、この本の大半は、「死の商人」の実録にあてられているのだが、それにもかかわらず、単なる実録の寄せ集めに終らせたくないというのが著者のひそかな願いであった。「死の商人」は封建時代に生まれ、封建時代から資本主義時代への歩みとともに脱皮、成長し、そして、資本主義の発展とともに飛躍的成長をとげて行ったのである。大砲つくりのクルップはドイツ最大の鉄鋼・兵器トラストになったし、兵器のセールスマン、バシル・ザハロフは、イギリスの大兵器トラスト、ヴィッカース・アームストロングの発展とともに歩んだ。一八一二年の米英戦争で米軍に火薬を供給したデュポンは、こんにち、世界の三大化学トラストの一つであり、原水爆もデュポンなしではつくられなかったのである。

この本に集録されたいくつかの「死の商人」の系譜も、このようなことを念頭において配置されている。ザハロフ（ノルデンフェルト→マキシム・ノルデンフェルト→ヴィッカース→ヴィッカース・アームストロング）（英）、クルップ、ＩＧファルベン（独）、デュポン（米）、財閥（日）という構成は、欧米の主要な資本主義国、また、日本における「死の商人」の成長と、資本主義の発展、「死の商人」の独占資本そのものへの発展を実録によってしめそうという考えにもとづいている。「死の商人」などというものは封建的な、時代おくれの存在で、核・ロケット時代の今日にそんなものはない、という、一応もっともらしい考え方（これは、結果的に、「死の商人」の擁護に役立つ）にたいする反駁も、これによってできると思う。

つぎに、「旧版」と「改訂版」との構成上の相違について二、三のべたい。全体の章の立て方は大体そのままである。ただし、一章を追加して、第Ⅵ章に「日本の『死の商人』」を挿入し、簡単ではあるが、日本の「死の商人」の系譜をたどった。また、第Ⅱ章—第Ⅴ章の欧米の代表的な「死の商人」の系譜には、第二次世界大戦後現在に及ぶ現況をそれぞれ一—二節ずつ各章の終りに追加した。もともと、「旧版」でも、このような記述はあったのだが、それらは、アメリカ帝国主義の本質と実態にふれるものであり、あるいは、日本やドイツの占領政策にかかわるものであったから、「旧版」では、残念ながら省略せざるをえなかったのである。

最後の章（第Ⅶ章「恐竜は死滅させられるか」）は、ほとんど書き改められた。この章は、前述のように、「旧版」では、著者が、いちばん言いたいことを言えなかった部分であり、原稿をズタズタにせざるをえなかった章である。

最後に、この本を書くうえで参考にした本をいくつかあげておこう。

外国では、かなり以前から「死の商人」にかんする特別な研究書がかなりたくさんある。

それらのうち、とくに参考したものをあげると、たとえば、

* H. C. Engelbrecht and F. C. Hanighen: "Merchants of Death", New York, 1934.
* Otto Lehmann-Russbüldt: "Die Blutige Internationale der Rüstungsindustrie", Hamburg-Bergedorf, 1929.
* A. Fenner Brockway: "The Bloody Traffic", London, 1933.
* Kai Moltke: "Krämer des Krieges — Die 5. Kolonne der Monopole", Berlin, 1953.
（原著はデンマーク語 "Kriegens Kræmmere" で、これはそのドイツ語訳）
* James S. Allen: "World Monopoly and Peace", New York, 1946.

などがそれである。

また、ザハロフ、クルップ、ＩＧファルベンなど、個々の「死の商人」の研究書もたくさんあるが、その一、二だけをあげると、

* Richard Lewinsohn: "The Mystery Man of Europe; Sir Basil Zaharoff", Philadelphia, 1929.
* Wilhelm Berdrow: "Alfred Krupp und sein Geschlecht", Berlin, 1937.
* Norbert Muhlen: "The Incredible Krupps; the Rise, Fall and Comeback of

Germany's Industrial Family", New York, 1959.
＊ Richard Sasuly: "I. G. Farben", New York, 1947.

などがある。

このほか、「死の商人」の現況については、ソ連あたりでは研究がなかなかさかんで、ここにはいちいちあげないが、それらの研究成果は『ノーヴォエ・ヴレーミヤ』（『新時代』）誌や『メジドナロードナヤ・ジーズニ』（『国際生活』）誌などにしばしば発表されている。

なお、この「改訂版」を書くうえに、「旧版」発行後に私が書いた一、二の本（たとえば『日本の死の商人』要書房、現在は絶版、『財閥』光文社、カッパ・ブックス、など）も、なるべく重複しないようにしながら一部引用し、あるいは参考にしたことをおことわりしておきたい。

最後に、困難な「旧版」出版のさい激励と助言を惜しまれなかった、私の高校時代の恩師でもある当時岩波書店編集部員の粟田賢三氏、「旧版」、「改訂版」双方について協力された岩波新書編集部の堀江鈴子氏、同じく「改訂版」の製作上の労をとられた加藤亮三、高草茂、植村光延、水野清三郎の諸氏に心からの感謝をささげる。

一九六二年七月二〇日

岡倉古志郎

あとがき

まもなく二一世紀を迎えるという時、初版の原稿を書いた時点から数えれば半世紀の昔にもなろうという私の旧著『死の商人』（改定版）が図らずも復刻され、多くの読者の眼に触れることになったことは、来年は米寿の高齢に達する私にとって、古臭い表現だが、まことに感慨無量の極みというほかはない。

初版に当たる『死の商人』が戦後続刊の青版『岩波新書』56として刊行されたのは一九五一年二月のことである。そのきっかけになったのは、前年一九五〇年四月号の『日本評論』誌に私が遠藤貞二のペンネームで書いた「死の商人の記録」という題の文章が岩波新書編集部の眼にとまり、執筆の依頼を受けたことによる。なお、ペンネームで書いたのは、当時はまだ占領下でGHQの検閲があり、私が世界政治について書いた雑誌原稿は、アメリカ帝国主義の正体に触れるものが多かったため、いつも不許可になっていたので、「悪名」高い本名の使用を避けたためである。

一九四九―五〇年ごろといえば、第二次世界大戦が終わってまだ四、五年というのに、米ソ両陣営のあいだのいわゆる「冷戦」がすでに始まり、西では東西ドイツの分裂、NATO

の結成、東、とくにアジアでは民族解放運動の高揚と植民地の相次ぐ独立、南北朝鮮の分割、中国革命の勝利と中華人民共和国の樹立などが進み、その中でアメリカ帝国主義は、当時まだ連合国（実質的にはアメリカ）の占領下にあった日本を反共の世界戦略のアジアにおける重要な拠点として、その主導下に日本の軍事基地化、軍国主義復活、資本主義経済の復興、発展をはかるため、対日政策の反動化を急ピッチで推進しつつあった時期である。すなわち、一九四九年にはドッジ・ラインの強行、下山、三鷹、松川各怪事件の連続発生、国鉄労働者の大量首切り、労働組合運動への弾圧などが続き、ついで翌一九五〇年にはついに朝鮮戦争が勃発し、これを機に日本共産党の半非合法化、戦争ブームによる急ピッチな経済復興、自衛隊の前身の警察予備隊の創設等々が進められ、その過程で総仕上げとしての対日単独講和、これとセットにされた日米安保条約締結への道が着々と進むのである。

過去二回の世界大戦の反省から、戦争を否定した国連憲章を制定し、真の集団安全保障体制を実現しようとしたはずの世界が、また、さらに一歩を進めて戦力の不保持を明記した日本国憲法を定めた日本が、はやくも新たな戦争の危機に脅えるというなかで、私は過去の戦争――第一次および第二次世界大戦も含めて――をそそのかし、準備し、遂行に力を貸し、それによって巨利を収めた「死の商人」の実態を冷静に暴露することを通じて、戦争の無意味さ、不当性、不正義性を明らかにし、それによって、戦争を防止し、最終的には戦争をなくすための世論と運動の発展に少しでも貢献したいと考えたのだった。これが、そもそも私が論文「死の商人の記録」を、さらにそれを肉づけした『死の商人』を書いた動機であった。

大学時代、有沢広巳、脇村義太郎両先生の教えを受けるなかで、また脇村ゼミ同期生の神野璋一郎君（アメリカ経済専攻、後年の和歌山大学学長）との共通の関心事から、国際軍需企業の歴史や現状について生かじりの勉強をし、戦時中にも続けて、外国の書物や資料を集めていたので、当時まだ四〇歳前の駆け出しの研究者でありながら、反戦、平和運動への熱情や、怖いもの知らずの血気もあって、疎開から帰京したばかりの東京杉並の狭いアパートで朝鮮戦争下の猛暑の日々、『死の商人』の原稿執筆に取り組み、晩秋にかかるころ一気に完成した。このことを、私は昨日のことのように覚えている。平野義太郎理事長、小椋広勝所長の世界経済研究所の所員として、国際政治の現状分析を担当していたころであった。

だが、当時はまだ占領下のことであり、ＧＨＱは「事後検閲」という陰湿な言論抑圧の制度を実施していて、筆者や出版社の自己規制を迫っていた。連合国（実際はアメリカ）を誹ぼうする（アメリカ帝国主義の本質や政策を批判する）ような内容の書物を出版すると、下手をすれば、発行後に「占領目的違反」のかどで告発し、軍法会議にかけるぞ、という脅しである。それも筆者だけでなく、出版社にも累を及ぼすというのだから自己規制せざるをえないことになる。初版では、原爆禁止のストックホルム・アピールなど世界の平和運動のことをカットし、また「死の商人」としてのアメリカ独占資本の態様の暴露や明確な表現を避けざるを得なかったのはそのためであった。しかも、「まえがき」のなかでは、この理由を「いろいろな事情から」という漠然とした表現で読者の了解を求めるしかなかったのである。たまたま、私の高校時代の恩師で哲学者の粟田賢三先生が当時岩波書店の編集顧問格でおられ、私の原稿を何度も熟読して下さり、削除や訂正の助言をして下さった。『死の商人』にまつわる忘れえぬ思い出である。

初版の『死の商人』が刊行されると、岩波新書編集部の企画の意図や私の執筆目的のタイミングが良かったからであろうが、幸いにしてあちこちの新聞、雑誌でも書評が掲載されるなどしたことから、ベスト・セラーの端くれぐらいになった。こうしているうちに、当時の印刷技術の方法上の制約から、十数回も増刷されているうちに紙型が擦り切れてしまい、数年後には増刷が不可能になって事実上絶版状態に陥った。このため、新書編集部から、どうせ活字を組み直すなら、講和条約の発効で検閲もなくなったことでもあり、このさい、初版では書きたくも書けなかった事実や事項を補い、記述上の表現も誰はばかることのない自由な文章にした改訂増補版を出したい、と改訂版原稿の執筆依頼があった。だが、私自身が超多忙の状態ですぐにはこれに応えられず、一九六二年春、ようやく改訂版の原稿を完成することができたのだった。

この間のいきさつや、初版と改訂版の主な相違、改訂版の構成とその特徴などについては、この復刻本（新日本新書）でもそのまま復刻されている改訂版の「あとがき」に詳しく述べられているので、ここでは省略する。こうして、一九六二年七月に第一刷を刊行した改訂版も、一九八七年八月までに二六回増刷され、発行部数も累計二一万四〇〇〇部を数えるに至った。だが、その後は増刷のための前提必要条件が満たされなくなったため増刷はおこなわれず、過去一二年間は事実上は絶版状態になっていたのである。この間、私のところにも、高校の先生などから、昔読んで感銘したのでぜひ生徒に読ませたいが入手できない、何とかならないか、などの問い合わせが何度かあった。岩波新書編集部にも同様な要望がしばしば寄せられたそうである。しかし、どうにもならなかった。

こういうなかで、今日、本書を『新日本新書』の一冊として復刻、刊行することになったのである。

近年、とくに最近、アメリカは、イラクやコソボなどに見られるように、「世界の警察官」然として、国連憲章も国際法も無視して他国への軍事干渉を強行し、核兵器の使用や使用の威嚇を公然と口にし、また、そのため西では西欧のＮＡＴＯ諸国、東では日本を同盟国として動員しようとしているが、その一環として、日本では日米防衛の新ガイドラインのもと、その関連諸法（「戦争法」）や国旗・国歌法などの制定、地方自治関連法の大改悪など、軍国主義復活をめざす政治反動化が急ピッチで推進されている。むろん、五〇年前の戦争の危機とは同じではないが、こういう重大な事態のなかで、この「古典」を復刻することは有意義であろうと『新日本新書』編集部は考えたのであろう。むろん、私に異議のある訳はない。そこで、岩波書店に連絡した結果、いろいろ事情はあったが、『新日本新書』として復刻されることになった。双方の関係者のご協力に感謝したい。

この復刻本は文字どおり復刻であるので、文章や表現は当時のままとした。正式に復刻が決まったので『死の商人』（改訂版）を読み返してみたが、この本は、元来が欧米および日本の代表的な「死の商人」（個人、企業、企業集団）の歴史の物語なので、執筆後三七、八年経った現在でも、とくに書き直さねばならないような記述はほとんどなかった。ただ、六二年改訂時の加筆部分のなかで、その後の情勢の推移からみて割愛した箇所がある。また、随所に挿入された口絵写真のうち不鮮明になったものについては新たに入れ替えたほか、数字の誤記や、ミス・プリントの訂正などはおこなったことをお断りしておく。

私は、その後、このテーマから遠ざかってしまったのでよくは知らないが、「死の商人」にかんする書物としては、海外では、たとえばGeorge Thayer "The War Business" 1969など、また、日本では、明治大学の横井勝彦教授の『大英帝国の〈死の商人〉』講談社選書メチエ、一九九七年、という広範かつ克明な調査、研究の成果の上に立った好著が出版されていることを付記しておく。

なお、この「あとがき」を書き始めたところで妻が急逝したため、「あとがき」の執筆完了が一週間ほど遅れてしまい、『新日本新書』編集部にご迷惑をおかけしてしまった。「あとがき」を書きあげた今日の午後も猛烈な残暑だが、半世紀ほども前、杉並の狭くて暑いアパートで初版本の原稿を汗だくで書いている私の側《かたわ》らで、まだ四歳半だった三男（現在、大東文化大学教授）に絵本を読んでやりながら、団扇で私を扇《あお》いでくれていた当時三五歳の彼女の姿がふいと眼に浮んだ……。

一九九九年八月二二日

岡倉古志郎

解説　暴力を理解し、しかし飲み込まれないために

小泉悠

「死の商人」という言葉はよく知られている。武器を売り捌《さば》いて暴利を貪る悪辣資本家、といったところが一般的なイメージであろうか。

あまりにステレオタイプだと思ったなら、本書を読んでみるといい。本書で描かれる「死の商人」たちときたら、ステレオタイプ以上にステレオタイプ的であり、何ともまぁえげつない。対立する双方に武器を売りつけるのは当たり前で、儲けになると見るや祖国の敵だって客にするし、甚だしきは自ら戦争を煽《あお》ろうとさえする。彼らは大抵「愛国者」を自称するが、その実、本当に愛しているのは利潤（要するに金なのだが、「死の商人」たちが度外れた贅沢暮らしをしていたという様子は本書からはいまいち窺えない。とすると、彼らが求めたのは個人の富というより、無限の事業拡大であったのではないか。このような考えから、ここでは敢えて利潤の語を用いた）だけだ。こうした「死の商人」たちの実態を、豊富なデータと事例から暴露していくのが本書の大きな見どころである。扱われている時代は、だいたい一九世紀から二〇世紀半ばくらいまでというところだ。

では、この種のモンスター的資本家たちは何故、武器を商売にするのだろうか。モラルの

ない経営者というのはどの時代、どの国にも珍しくない。どんなに非倫理的な商売であろうと、儲かっているのだからいいではないか、というタイプの人間は常に必ずいる。だが、現代の悪辣資本家が金儲けの道具にしているのは、派遣労働者の中抜きとかインチキ健康食品であって、武器で一儲けしようという例はあまり見られないようだ。この違いはどこからやってくるのだろう。

第一に、本書が焦点を当てる「死の商人」の台頭期にはまだ戦争が違法ではなかった、という事情が挙げられそうだ。プロイセンの軍事思想家カール・フォン・クラウゼヴィッツが述べたように、当時の戦争は「他を以てする政治の延長」と位置付けられ、外交や貿易と同列の国家政策として認められていた。倫理的な批判を受けることはあっただろうが、「死の商人」たちの活動は原則的に合法であったことになる。現在も世界中に武器を売り捌く悪辣商人はいるのだが、彼らは皆、非合法なブラックビジネスマンであって、摘発されて刑務所行きとなる者も少なくない。

第二に、「死の商人」の台頭期は、工業化戦争の始まりとその絶頂期にほぼ重なっている。それまでは職人によって手作りされていた武器が工場で大量生産されるようになったのがこの時期であり、戦争には巨大な消耗が伴うようになった。特に、二〇世紀に入ってから起きた二度の世界大戦は凄まじい消耗戦となった。軍需工業はまさに伸び盛りの成長産業だったわけであり、めざとい資本家たちがこの流れに乗るのは自然なことであったと言える。

第三に、「死の商人」たちの登場時期は、武器が複雑精妙化しきる前の最後の時代でもあった。本書に登場するガトリングやマキシムといった機関銃の発明者たちは一定の理系的バックグラウンドを持ちながらも基本的には在野の発明家（この言葉も今となっては懐かしさを覚えさせる）である。こうした人々が個人で武器を「発明」できたということは、軍需産業への参入障壁は比較的低かったということになるだろう。

最後に、当時の武器輸出規制は現在よりもずっと緩かった。何もかも自由、ということではなかったのだろうが、現在の各国政府が課しているような厳しい規制・規則は存在しなかったはずだ。つまり、「死の商人」たちを縛る仕組み自体があまりきちんと整備されていなかった。

別の言い方をすると、本書で描かれる「死の商人」のあり方は、時代性にかなりの影響を受けたものである。したがって、現代の世界にはそのまま当てはまらない部分も少なくない。

例えば二〇世紀以降の国際法では、戦争が違法な行為であるという規範が徐々に形成されていき、第二次世界大戦後には国連憲章として結実した。それで戦争がなくなったわけでも、「死の商人」がいなくなったわけでもないが、国益追求のために軍事力を行使してはならないとの原則が合意されたことの意義は大変に大きい。実際、二〇一四年にロシアが最初のウクライナ侵略を行うと、米国政府はロシアの軍需産業との取引全般を制裁対象とするとの方針を打ち出し、多くの国々がロシア製武器の購入を取りやめた。こうした規範の持つ力は、一九世紀はもちろん、二〇世紀前半と比べてさえ格段に強まっている。

さらに一九五〇年代から始まった冷戦は、イデオロギーや政治体制に基づく国家間の分断を長期にわたって固定化し、国家による武器輸出規制（代表的なところで言えば米国のITAR＝国際武器取引規則）や国際的な技術移転制限（同じくCOCOM＝対共産圏輸出統制委員会）の強化へとつながっていった。アクの強いモンスター的資本家が敵味方どちらにでも武器を売って大儲けする、というような野放図な商売はそもそも成立が難しくなったのである。

代わって登場してきたのは、超大国の戦略とより密接に結びついた軍事援助（戦略援助）だった。米ソそれぞれが同盟国や友好国に武器を売るわけだが、その価格は時に非常に安いものであったり、場合によっては無償ということもあった（ソ連は物々交換も受け入れた）。金儲けのための武器輸出も行われなくなったわけではないのだが、そこに「同盟を強化する」とか「自国と同じ政治体制の国を増やす」といった、より政治的な利益の追求が加わったのである。

もう少し時代が下って一九七〇年代以降になると、より大きな構造的変化の波が訪れる。情報通信技術（ICT）の発達による新たな産業革命だ。経済成長やイノヴェーションの重心は徐々に重厚長大産業からICT産業へと移行していき、それによって軍需産業の相対的な地位も低下した。現代の武器開発は、大変な資金と時間を要するガウディ建築のごときものとなりつつあるから（例えばメアリー・カルドアが現代の兵器システムが「バロック的に退廃」していると述べたのは一九八一年のことである）、どんどん作っては売れるというものでもない。一攫千金を目論む野心的な起業家なら、何か別の手っ取り早く儲かる産業を探すだろう。

もう一つ提起したい問題は、武器を作って売るという商売の全てが「死の商人」に該当するのかどうかということである。我が国の例で考えてみよう。日本の軍需産業は長らく武器輸出を禁じられてきたので、顧客といえば自衛隊がほぼ唯一という、かなり特殊な業界だった。生産数は非常に少なく、にもかかわらず長期にわたってラインや工作機械を占拠されるために採算は悪い。近年、防衛関連事業から撤退する企業が相次いでいるのはそのためだが、この貧乏くさい状況と「死の商人」像はどうもうまく合致しないように思うのである。

言い換えるなら、現代の世界で「死の商人」について語るには、それなりの解像度が求められる。武器を作って売ること全般が非難されるべきなのか、それとも作るのはよくて輸出するのがいけないのか。民主主義国への武器輸出と独裁国家への武器輸出は全く同列に扱えるのか。あるいは問題の所在は、売り込み手法とか、利益の法外な大きさにあるのか。こうした点を峻別して議論しないことには、「死の商人」批判はなかなか建設的な政策議論につながっていかない。この解説文を執筆している二〇二四年現在、武器輸出規制の緩和がいくつかの政策上の焦点として浮上しているが、これらの動きをただ「死の商人」と断じるだけでは、あまり説得力があるようには思われない。

以上の議論を「死の商人」擁護論と取る読者もおそらくいよう。私自身は、適切な規模と運営方法であれば日本が軍需産業を持つことにも武器輸出にも賛成という人間なので、そのように見られることは意外ではない。また、本書の著者である岡倉は、日本を含めた西側諸国が帝国主義的で悪辣な資本主義陣営であるとして強く糾弾する一方、ソ連が世界的な武器輸出大国であることには触れない。出てくるのは西側の武器輸出を非難するソ連側の言説だけであり、現在の目で見るといかにもバランスが悪い、と私からは見える。このような意味で、おそらく私は本書にとってあまりフレンドリーな評者とは言えない（岡倉が存命であれば、果たして私に解説を任せることに同意しただろうか）。

ただ、武器を「商品」として売ることの異様さというか、それがただの商売でないという感覚自体は、よくわかるつもりでいる。ロシア軍事研究を専門とする私は、これまでにかなりの数の武器展示会を訪れてきた。すると、やはりこう、一種異様な感じというのがするわけである。

きらびやかなブース、ツルツルの上質紙で作られたパンフレット、お土産のキーホルダー、派手なコスチュームのコンパニオン（西側ではもう絶滅しつつあるが、ロシアや中国ではこの種の形で女性を利用することへの抵抗がまだ薄い）といった道具立ては、民生産業の展示会となんら変わらない。違うのは、ブースの中に飾ってあるのが最新の自動車や家電でなく、戦車やミサイルであるということだ。IDカードをぶら下げて歩く客たちの中には、制服姿の軍人も多い。ここでは間違いなく武器が「売り物」になっているのだ。

しかも、それらの武器が使用された結果としての死や破壊は、巧妙に脱臭されている。今まさに売り込まれようとしているミサイルの破片弾頭は、人間の肉体を切り刻んで殺すためのものだ。そのことを誰もが知っていながら、誰も触れようとはしない。何となく、ボタンを押すと「ポン」と敵がいなくなってくれる便利な道具、というふうな体で取引されているのだ。実際、そう見えるようにどの武器も展示されているのである。この一事をもってしても、やはり軍需産業というものに全く無批判ではいられない、と強く思う。

それはつまり、我々が暴力とどのように向き合うのかという問題に行きつくだろう。我々の社会から暴力を完全に排除することは極めて難しく、短いスパンのうちにおいてはほぼ不可能と断言しても差し支えない。したがって、暴力の存在を前提とする態度をリアリズムと呼ぶことには一定の根拠があろうが、ただ、リアリズムは容易に現実追認主義に堕す。要するに、自らが暴力性を発揮する側に回ることが「リアリズム」とされる危険性が常にある。

とするならば、暴力とこれにまつわる一切を高い解像度で認知し、しかしそれに飲み込まれないという、なかなか厄介な態度が我々には求められる。本書はそのための一つの足がかりを提供するものと言えるだろう。

（東京大学准教授）

KODANSHA

本書の原本『死の商人』は、一九九九年に新日本出版社から刊行されました。

岡倉古志郎（おかくら　こしろう）

1912-2001年。東京帝国大学経済学部卒業。戦後，財団法人世界経済研究所員，同志社大学，大阪外国語大学，中央大学，大東文化大学教授を歴任。アジア・アフリカ研究所初代所長。日本国際政治学会名誉理事。著書に『アジア・アフリカ問題入門』『非同盟研究序説』『岡倉古志郎国際政治論集』全5巻など多数。

講談社学術文庫

定価はカバーに表示してあります。

死《し》の商人《しょうにん》　戦争《せんそう》と兵器《へいき》の歴史《れきし》

岡倉《おかくら》古《こ》志郎《しろう》

2024年6月11日　第1刷発行

発行者　森田浩章
発行所　株式会社講談社
東京都文京区音羽 2-12-21 〒112-8001
電話　編集（03）5395-3512
販売（03）5395-5817
業務（03）5395-3615
装　幀　蟹江征治
印　刷　株式会社ＫＰＳプロダクツ
製　本　株式会社国宝社
本文データ制作　講談社デジタル製作

ISBN978-4-06-535970-9

「講談社学術文庫」の刊行に当たって

これは、学術をポケットに入れることをモットーとして生まれた文庫である。学術は少年の心を養い、成年の心を満たす。その学術がポケットにはいる形で、万人のものになることは、生涯教育をうたう現代の理想である。

こうした考え方は、学術を巨大な城のように見る世間の常識に反するかもしれない。また、一部の人たちからは、学術の権威をおとすものと非難されるかもしれない。しかし、それはいずれも学術の新しい在り方を解しないものといわざるをえない。

学術は、まず魔術への挑戦から始まった。やがて、いわゆる常識をつぎつぎに改めていった。学術の権威は、幾百年、幾千年にわたる、苦しい戦いの成果である。こうしてきずきあげられた城が、一見して近づきがたいものにうつるのは、そのためである。しかし、学術の権威を、その形の上だけで判断してはならない。その生成のあとをかえりみれば、その根は常に人々の生活の中にあった。学術が大きな力たりうるのはそのためであって、生活をはなれた学術は、どこにもない。

開かれた社会といわれる現代にとって、これはまったく自明である。生活と学術との間に、もし距離があるとすれば、何をおいてもこれを埋めねばならない。もしこの距離が形の上の迷信からきているとすれば、その迷信をうち破らねばならぬ。

学術文庫は、内外の迷信を打破し、学術のために新しい天地をひらく意図をもって生まれた。文庫という小さい形と、学術という壮大な城とが、完全に両立するためには、なおいくらかの時を必要とするであろう。しかし、学術をポケットにした社会が、人間の生活にとってより豊かな社会であることは、たしかである。そうした社会の実現のために、文庫の世界に新しいジャンルを加えることができれば幸いである。

一九七六年六月　　野間省一

2308
ソースティン・ヴェブレン著／高　哲男訳
増補新訂版　有閑階級の理論
産業消費社会における「格差」の構造を、有史以来存在する「有閑階級」をキーワードに抉り出す社会経済学の不朽の名著！　人間精神と社会構造に対するヴェブレンの深い洞察力は、ピケティのデータ力を超える。
電P

2326
D・P・シュレーバー著／渡辺哲夫訳
ある神経病者の回想録
フロイト、ラカン、カネッティ、ドゥルーズ&ガタリなど知の巨人たちに衝撃を与え、二〇世紀思想に不可逆の影響を与えた稀代の書物。壮絶な記録を明快な日本語で伝える、第一級の精神科医による渾身の全訳！
電P

2339
A・G・バウムガルテン著／松尾　大訳
美学
人間にとって「美」とは何か？　「美学」という概念を創始し、カントやヘーゲルら後世に決定的な影響を与えた画期の書。西洋文化の厚みと深みを知る上で決して避けては通れない大古典作品の全訳、初の文庫化！
電P

2367
ジャン＝ジャック・ルソー著／坂倉裕治訳
人間不平等起源論　付「戦争法原理」
身分の違いや貧富の格差といった「人為」で作り出された不平等こそが、人間を惨めで不幸にする。この不平等の起源と根拠を突きとめ、不幸を回避する方法とは？　幻の作品『戦争法原理』の復元版を併録。
電P

2368
A・アインシュタイン、S・フロイト／浅見昇吾訳（解説・養老孟司／斎藤　環）
ひとはなぜ戦争をするのか
アインシュタインがフロイトに問いかける。「ひとは戦争をなくせるのか？」。宇宙と心、二つの闇に理を見出した二人が、戦争と平和、そして人間の本性について真摯に語り合う。一九三二年、亡命前の往復書簡。
電P

2369
E・B・ド・コンディヤック著／山口裕之訳
論理学　考える技術の初歩
ロックやニュートンなどの経験論をフランスに輸入・発展させた十八世紀の哲学者が最晩年に記した、若者たちのための最良の教科書。これを読めば、難解な書物も的確に、すばやく読むことができる。本邦初訳。
電P

外国の歴史・地理

1899
竹内弘行著
十八史略
神話伝説の時代から南宋滅亡までの中国の歴史を一冊に集約。韓信、諸葛孔明、関羽ら多彩な人物が躍動し、権謀術数が飛び交い、織りなされる悲喜劇――。簡潔な記述で面白さ抜群、中国理解のための必読書。電P

1959
鹿島　茂著
ナポレオン　フーシェ　タレーラン　情念戦争1789―1815
「熱狂情念」のナポレオン、「陰謀情念」の警察大臣フーシェ、「移り気情念」の外務大臣タレーラン。情念史観の立場から、交錯する三つ巴の心理戦と歴史事実の関連を読み解き、熱狂と混乱の時代を活写する。電P

1976
山上正太郎著（解説・池上　彰）
第一次世界大戦　忘れられた戦争
「戦争と革命の世紀」はいかにして幕を開けたか。交錯する列強各国の野望、暴発するナショナリズム、ボリシェヴィズムの脅威とアメリカの台頭……「現代世界の起点」を、指導者たちの動向を軸に鮮やかに描く。電P

2009
杉山正明著
クビライの挑戦　モンゴルによる世界史の大転回
チンギス・カンの孫、クビライが構想した世界国家と経済のシステムとは？　「元寇」や「タタルのくびき」など「野蛮な破壊者」というモンゴルのイメージを覆し、西欧中心・中華中心の歴史観を超える新たな世界史像を描く。電P

2017
鹿島　茂著
怪帝ナポレオン三世　第二帝政全史
ナポレオン三世は、本当に間抜けなのか？　偉大な皇帝ナポレオンの凡庸な甥が、陰謀とクー・デタで権力を握っただけという紋切り型では、この摩訶不思議な人物の全貌は摑みきれない。謎多き皇帝の圧巻の大評伝！電P

2032
A・J・P・テイラー著／吉田輝夫訳
第二次世界大戦の起源
「ヒトラーが起こした戦争」という「定説」に真っ向から挑戦して激しい論争を呼び、研究の流れを変えた名著。「ドイツ問題」をめぐる国際政治交渉の「過ち」とは。大戦勃発に至るまでの緊迫のプロセスを解明する。